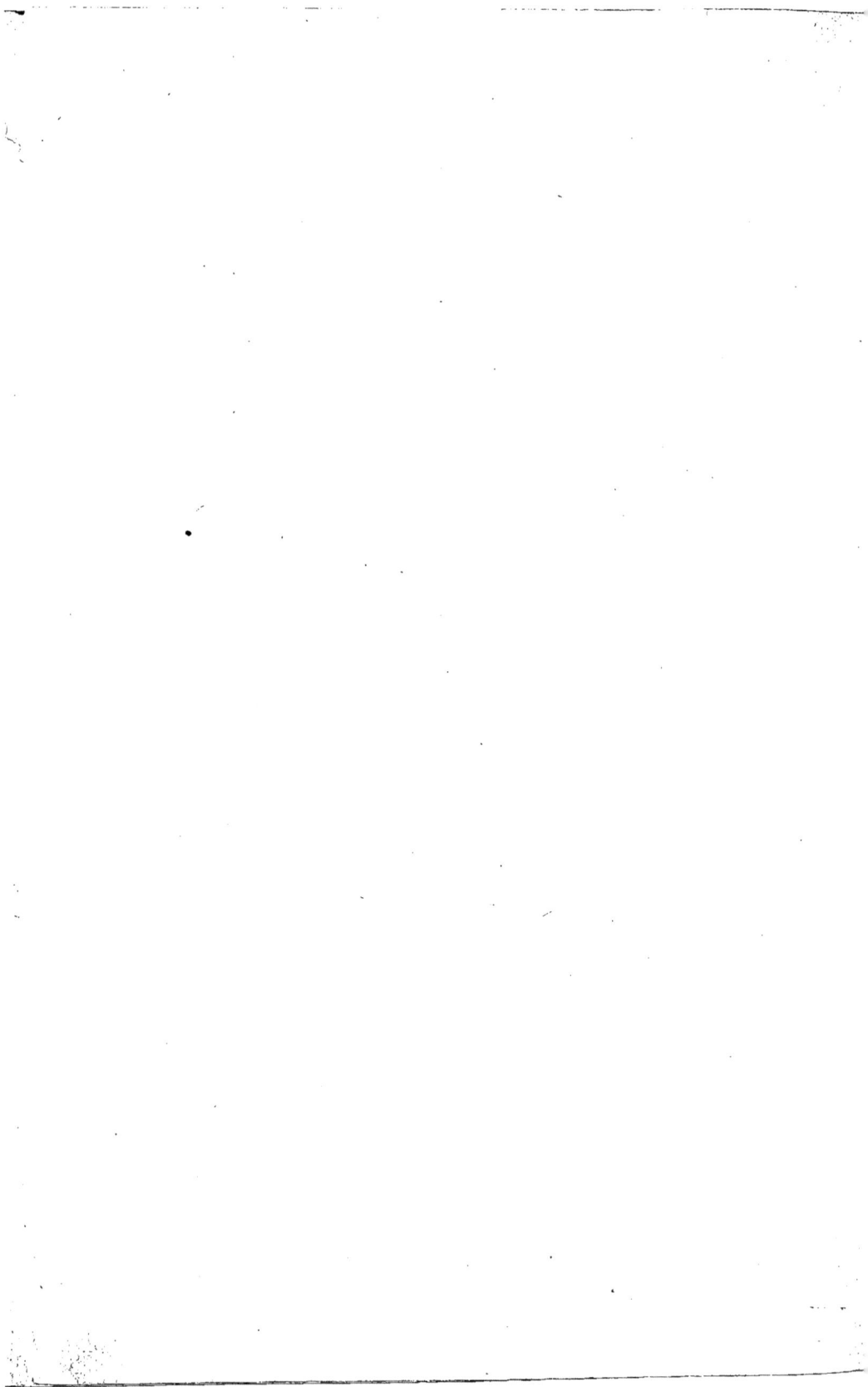

NOTE

SUR LA PROPOSITION

soumise aux enquêtes

POUR L'ACHÈVEMENT

DU CANAL LATÉRAL A LA GARONNE

Par M. A...........,

INGÉNIEUR DES PONTS-ET-CHAUSSÉES.

Précédée des

LETTRES DE M. N. FESTUGIÈRE

ADRESSÉES AU COURRIER DE LA GIRONDE

SUR LÉ MÊME SUJET.

BORDEAUX,

IMPRIMERIE D'ÉMILE CRUGY,

Rue et hôtel Saint-Siméon, 16.

1851

NOTE

SUR LA PROPOSITION

soumise aux enquêtes

POUR L'ACHÈVEMENT

DU CANAL LATÉRAL A LA GARONNE

Par M. A............,

INGÉNIEUR DES PONTS-ET-CHAUSSÉES ;

Précédée des

LETTRES DE M. N. FESTUGIÈRE

ADRESSÉES AU COURRIER DE LA GIRONDE

SUR LE MÊME SUJET.

BORDEAUX,

IMPRIMERIE D'ÉMILE CRUGY,

Rue et hôtel Saint-Siméon, 16.

1850

1851

LETTRES

DE

M. N. FESTUGIÈRE

SUR

L'IMPORTANCE ET L'UTILITÉ DE L'ACHÈVEMENT

DU

CANAL LATÉRAL A LA GARONNE.

A M. le Rédacteur du COURRIER DE LA GIRONDE.

PREMIÈRE LETTRE.

Paris, le 10 décembre 1850.

MONSIEUR,

Il y a huit mois environ, les représentants des départements de la Gironde, de Lot-et-Garonne, de Tarn-et-Garonne et de la Haute-Garonne, touchés des réclamations que faisaient entendre les Conseils généraux de ces départements et les Chambres de commerce de Bordeaux et de Toulouse, firent une démarche auprès de M. le Ministre des travaux publics pour obtenir le prompt achèvement du canal latéral à la Garonne. M. Bineau leur répondit que, tout en reconnaissant très-légitimes leurs doléances, il était impossible au Gouvernement, dans l'état actuel des finances, d'augmenter les allocations portées au budget pour l'achèvement de cette voie de communication, mais que, si une compagnie sérieuse se présentait pour terminer ce grand ouvrage, il serait très-disposé à la substituer à l'État, moyennant une concession de courte durée.

Stimulé par d'honorables encouragements, par les résolutions et les vœux exprimés tant de fois par les organes légaux du département de la Gironde, je me suis mis en mesure de répondre à l'appel que M. le Ministre des travaux publics adressait à l'industrie privée. J'ai réussi à constituer une compagnie avec le concours de financiers haut placés dans la banque. Son capital, fixé à douze millions, est prêt, et j'ai déposé entre les mains de M. Bineau une soumission pour terminer le canal latéral à la Garonne. Je n'ai nulle difficulté à livrer à l'appréciation du public les conditions de mon entreprise. Elles consistent :

1° A terminer dans deux ans, à partir du jour de la promulgation de la présente loi, les travaux qui restent à faire entre Agen et Castets pour achever le canal latéral à la Garonne ;

2° A soumettre mes plans et devis à l'appréciation du conseil supérieur des ponts-et-chaussées ;

3° A déposer, conformément à la demande que m'en a faite le ministre, pour garantie de la bonne exécution des travaux et de l'accomplissement de mes obligations, un cautionnement de cinq cent mille francs, au moment même de la présentation du projet de loi à l'Assemblée, et à doubler cette somme huit jours après le vote de cette même loi ;

4° A me soumettre à la perte de la portion non remboursée du cautionnement et aux conséquences d'une adjudication faite à une autre compagnie, si, dans le délai déterminé, je n'ai point achevé le canal.

En retour de ces obligations, je demande au Gouvernement :

1° La concession de toute la ligne de Castets à Toulouse pendant vingt-cinq ans, à partir de l'époque fixée pour l'achèvement des travaux ;

2° L'application sur cette voie d'un tarif de péage composé de deux classes, et dont le taux, en moyenne, compris la descente et la remonte, ne dépasse pas 4 centimes par tonne et par kilomètre.

Mon œuvre est sur le point d'aboutir. Mais voici qu'il surgit une proposition, non pas rivale, mais destructive de la mienne, et qui s'oppose radicalement à la mise à exécution de mon projet. Un journal de Bordeaux a publié une note où se trouvent établies les conditions de cette nouvelle proposition [1]. Cette note a pour titre :

Possibilité d'établir immédiatement et SANS FRAIS *pour l'État un chemin de fer de Bordeaux à Toulouse, en utilisant les travaux faits pour l'établissement du canal latéral à la Garonne, etc.*

Ainsi, l'auteur de ce projet propose de combler le canal latéral pour y substituer un chemin de fer ; en d'autres termes, il demande que le Gouvernement, que les Chambres, que les Conseils généraux, que les Conseils municipaux, qui, pendant quinze ans, ont pensé, avec les populations riveraines de la Garonne, que le canal latéral était le meilleur moyen de relier l'Océan à la Méditerranée, de remplacer par un service régulier de navigation la navigation si incertaine, si périlleuse de la rivière, l'auteur demande, dis-je, qu'ils reconnaissent leur erreur ; qu'ils abandonnent une entreprise près d'être terminée, pour commencer une nouvelle opération ! Des sommes énormes ont été dépensées, des expropriations ont été faites, au nom de l'utilité publique, sur un parcours de deux cent quatre kilomètres ; des travaux d'art gigantesques ont été exécutés à Moissac, à Agen, au Mas, à la descente en rivière de la Baïse, à Meillan ; pendant douze années, les soins de l'administration et des ingénieurs ont été consacrés à cette œuvre considérable ; eh bien ! il faut déclarer que tout cela a été fait en pure perte ; qu'on a travaillé en aveugle, sans se rendre compte de ce qu'on faisait ; qu'on a sottement enfoui dans la terre remuée ou jeté dans l'eau une valeur de cinquante-cinq millions ! Si, à notre époque, nous n'avions pas perdu le droit de

---

[1] Voir le *Mémorial Bordelais* du 3 décembre.

nous étonner de quelque chose, nous pourrions l'être d'une pareille conception! La bizarrerie de cette proposition n'est pas une fin de non-recevoir que nous puissions lui opposer. Il faut donc l'examiner. Ce n'est pas mon opinion que je veux exprimer, car, intéressé dans le débat, elle serait sans valeur. Je m'appuierai sur des autorités et des faits irrécusables.

En 1845, le Gouvernement présenta aux Chambres une demande de crédit extraordinaire pour continuer le canal latéral à la Garonne. Alors, cet ouvrage était loin d'être aussi avancé qu'aujourd'hui. C'était à peine si les travaux faits pouvaient assurer la navigation jusqu'à Agen. Dans la discussion, M. Muret (de Bord) posa cette question : Ne serait-il pas convenable d'abandonner le canal, et de le remplacer dans son parcours par un chemin de fer, en utilisant pour cette nouvelle construction les levées du canal? On le voit : c'était absolument la même proposition que celle qui est produite en ce moment, avec cette différence, toutefois, qu'à cette époque, on avait dépensé dix à douze millions de moins, et que l'on était plus éloigné de l'entier achèvement de la ligne. M. Dumon, ministre des travaux publics, voulut se rendre compte des avantages et des inconvénients d'une pareille transformation. Il chargea des ingénieurs habiles de lui faire un rapport à ce sujet, afin non seulement de s'éclairer, mais aussi pour éclairer les Chambres. Il est probable que l'auteur de la note que j'examine n'a pas eu connaissance des études qui furent faites en 1845 et des conclusions qu'elles motivèrent, car autrement il n'aurait point ressuscité un projet bien et dûment condamné.

Lorsqu'on a fait le canal, ou plutôt quand on a tracé la direction qu'il devait prendre, on s'est préoccupé, d'une part, des meilleures conditions de son établissement; d'autre part, de la nature des transports auxquels il devait servir. En conséquence, on l'a établi, autant que possible, au-dessus de la plaine, pour éviter les inondations de la Garonne, et l'on ne s'est occupé que très-subsidiairement de le rapprocher des centres de population, attendu qu'il était destiné bien plutôt au service des marchandises qu'à celui des voyageurs. Les marchandises, surtout celles qui ne sont pas d'un grand prix, les produits agricoles principalement, vont chercher la voie la plus économique. Les voyageurs, au contraire, demandent la voie la plus accélérée. Il en résulte que, là où un canal est approprié aux besoins des localités, un chemin de fer ne l'est pas, et *vice versâ*. Il ne viendra jamais à la pensée d'un ingénieur de proposer indifféremment le même tracé pour l'une ou l'autre de ces voies; et c'est ce que l'auteur de la note fait sans le moindre scrupule! Mais son erreur frappera tous ceux qui voudront examiner comment se groupent les populations placées sur les deux rives de la Garonne. J'emprunte ici quelques détails au mémoire de M. Job, ingénieur en chef, qui fit les études dont je viens de parler.

A partir d'Agen jusqu'à Castets, les agglomérations de populations au-dessus de 1,000 habitants se divisent comme il suit :

SUR LA RIVE GAUCHE.		RIVE DROITE.	
Le Mas	1,450 habitants.	Port-Sainte-Marie. .	1,840 habitants.
		Aiguillon	1,982
		Clairac	2,487
		Tonneins	4,250
		Marmande.	4,967
		Sainte-Bazeille . . .	1,646
		La Réole	3,837
TOTAL . . .	1,450 habitants.		21,009 habitants.

Ainsi, sur la rive gauche où passe le canal, on ne trouve qu'une ville de 1,450 habitants jusqu'à Agen; tandis que sur la rive droite on rencontre sept villes qui renferment une population de 21,000 âmes. On sait que les personnes qui habitent les villes voyagent beaucoup plus que les gens de la campagne.

Et l'on prétend avoir des capitalistes pour ouvrir un chemin de fer dans une pareille direction! Certainement, on se trompe. Je lis dans le mémoire de l'ingénieur que j'ai cité plus haut le passage suivant :

« Tous ceux qui connaissent les localités sentiront facilement qu'on ne peut songer à déshériter les villes de Sainte-Marie, Aiguillon, Clairac, Tonneins, Marmande, Sainte-Bazeille, La Réole, de leurs droits acquis par la possession de la route royale de Bordeaux à Toulouse, ce qui aurait lieu en faisant le chemin de fer aux lieu et place du canal, à partir d'Agen, pour utiliser les 54 kilomètres exécutés sur cette rive. Ce serait une véritable injustice qui obligerait les habitants de ces villes à faire, pour gagner le chemin de fer, 5 à 6 kilomètres dans une plaine submersible, sans profit pour la rive gauche, où les populations sont clair-semées. Tracé sur la rive droite, au contraire, le chemin de fer passera à proximité de toutes ces villes, et sera en communication avec les vallées du Lot et de la Dordogne. A l'appui de ces observations, nous pouvons dire que les intéressés aux compagnies formées pour le chemin de fer de Bordeaux à Toulouse nous ont tous assuré qu'ils préféreraient encore la rive droite entre Agen et La Réole, alors même qu'on leur donnerait gratuitement le canal sur la rive gauche pour établir leur chemin, avec une concession pour l'exploiter de 99 ans. »

Il est probable que, parmi ceux qui ont fait cette déclaration, il s'est trouvé quelques-uns des associés de l'auteur de la note. Pourquoi sollicitent-ils aujourd'hui ce qu'ils n'auraient pas voulu accepter en 1845 ? Est-ce que les entreprises de chemins de fer sont devenues tellement brillantes depuis la révolution de février, qu'on puisse être moins exigeant sur les conditions nécessaires à leur succès ? Je ne le pense pas.

Je continue l'analyse de l'étude faite en 1845.

Si le chemin de fer était placé sur le terrain du canal, il en résulterait forcément que les stations seraient à une distance de 4 à 11 mille mètres des villes les plus voisines. Ce serait encore là une nouveauté ! Aussi, quand M. Dumon, ministre, inspecta les travaux du canal, M. Job raconte que personne n'eut l'idée de réclamer l'établissement du chemin de fer sur la rive gauche, et cependant pas une commune, si petite qu'elle fût, ne négligea de se faire représenter par son maire ou son conseil municipal. Voici, ajoute M. Job, le résumé de cette sorte d'enquête faite sur place par M. le Ministre lui-même :

« Tous les habitants de la rive gauche ont dit : Le chemin de fer ne répond pas à nos besoins ; nous demandons la continuation du canal pour transporter au loin les matériaux de nos belles carrières, pour augmenter la valeur de nos bois et de nos résines des landes, et surtout pour échapper aux fièvres qui nous déciment depuis quelques années ; car, en établissant le chemin de fer sur les levées du canal, on n'en comblerait pas entièrement le fond, et nous serions pour toujours environnés de marais infects que l'ouverture de la navigation ferait disparaître immédiatement. » Tous les habitants de la rive droite ont réclamé l'achèvement du canal en faisant cette observation : « En 1838, nous demandions que le canal fût établi de notre côté ; nous n'avons pas été écoutés, ce que nous avons regardé alors comme une injustice ; cette première injustice en motiverait donc une seconde bien plus grande encore, si, pour utiliser le canal presque achevé sur la rive gauche, on dépossédait la rive droite de ses droits acquis au passage des marchandises et des voyageurs circulant entre Bordeaux et Toulouse. »

Je le répète, il faut que l'auteur de la proposition n'ait pas eu connaissance des documents que j'ai sous les yeux, car il ne se serait pas hasardé à reprendre à son compte un projet que les hommes les plus compétents ont condamné, et que les populations intéressées repoussent avec tant d'énergie.

Mais j'ai bien d'autres observations à vous présenter sur le même sujet. Si vous me le permettez, elles seront l'objet d'une autre lettre.

Agréez, Monsieur, l'assurance de ma haute considération.

N. FESTUGIÈRE.

DEUXIÈME LETTRE

Paris, le 12 décembre 1850.

Monsieur,

Je remarque, dans les réflexions dont vous avez fait précéder un article de M. Poujard'hieu, favorable au projet de substituer un chemin de fer au canal latéral à la Garonne, que, la Chambre de commerce de Bordeaux, ayant été saisie de cette question, vous attendez de connaître son avis motivé pour former votre propre opinion.

J'ai compris comme vous l'influence que devait avoir l'organe légal du commerce de Bordeaux, quand il s'agit d'une entreprise qui touche si directement aux intérêts qu'il représente. Moi-même, avant de me décider à constituer définitivement la compagnie au nom de laquelle j'agis, avant de déposer ma soumission entre les mains du ministre des travaux publics, j'avais eu le soin de faire connaître mon projet à la Chambre de commerce de Bordeaux, et de lui demander si elle croyait devoir lui accorder son adhésion. Elle en a délibéré, et, le 23 octobre dernier, j'ai reçu communication, non seulement de l'approbation qu'elle donnait à mon entreprise, mais encore des recommandations très-expresses qu'elle adressait en sa faveur au ministre des travaux publics. Je ne produirai pas la lettre qu'elle a écrite à ce sujet, elle est trop longue; je me bornerai à vous citer sa conclusion, qui est conçue dans les termes suivants :

« Nous avons examiné avec attention les bases posées par M. Festugière, et nous croyons, dans l'intérêt de notre port et du Midi tout entier, devoir appuyer sa demande auprès de vous. Ses motifs que nous venons de développer, et surtout la conviction que nous avons de la grande utilité de l'achèvement immédiat du canal latéral à la Garonne, nous engagent, Monsieur le

Ministre, à recommander à votre bienveillante attention la proposition de M. N. Festugière. Son acceptation nous paraît désirable dans l'intérêt de notre ville, des départements méridionaux et du commerce de toute la France, intéressé comme nous à voir compléter une communication rapide et sûre entre l'Océan et la Méditerranée. »

Tel est l'avis formulé par la Chambre de commerce de Bordeaux, et signé par tous ses membres. A la même époque, M. Tarbé des Sablons se présenta, et fut admis, dans le sein même de la Chambre de commerce de Bordeaux, à développer ses idées pour la substitution d'un chemin de fer au canal latéral à la Garonne. Il est superflu de dire quel a été le résultat de sa démarche. Des hommes graves et expérimentés comme ceux qui composent notre Chambre de commerce ne pouvaient appuyer un projet destructif d'une entreprise qu'ils avaient prise sous leur protection.

Maintenant que vous êtes édifié sur l'avis de la Chambre de commerce de Bordeaux, permettez-moi de continuer l'examen de la proposition de M. Tarbé des Sablons.

Je vous ai indiqué dans ma précédente lettre combien le terrain que parcourt le canal était impropre à l'établissement d'un chemin de fer. Je veux aujourd'hui vous signaler les difficultés, les impossibilités même qui s'opposent à cette substitution. Si M. Tarbé des Sablons avait fait des études sérieuses, je n'aurais pas à lui révéler les obstacles contre lesquels son entreprise, si elle était mise à exécution, viendrait forcément échouer.

On sait que le tracé d'un canal permet les courbes à petits rayons. Une voie de cette nature se dirige en contournant les coteaux, mais en s'en rapprochant le plus possible. La circulation par eau n'a rien à craindre des tournants un peu courts. Il n'en est pas de même pour un chemin de fer. Une voie ferrée, afin d'éviter les accidents et donner sécurité aux voyageurs, est obligée de suivre une ligne droite, en franchissant par des tunnels les obstacles qu'elle rencontre, et alors elle est soumise à des dépenses considérables, ou, pour éviter ces dépenses, elle s'éloigne de l'obstacle par des courbes étendues, et que les ponts-et-chaussées exigent de *sept cent mètres au moins*.

Ainsi, de deux choses l'une : ou le chemin de fer dont il s'agit passera réellement dans le lit du canal et n'aura pas d'autres courbes que celles appliquées à cette voie d'eau, ou il sera forcé de s'en éloigner. La première hypothèse n'est pas admissible :

1° Parce que le conseil supérieur des ponts-et-chaussées ne l'autorisera jamais, car l'intérêt de la sécurité publique le lui défend ;

2° Parce que, ainsi que nous l'avons établi dans notre précédent article, un pareil tracé ferait placer les stations à une distance de 2,000 à 11,000 mètres des villes les plus peuplées ;

3° Parce que de nouvelles digues seraient indispensables pour garantir le chemin de fer des inondations de la Garonne.

Avant d'examiner les conséquences de la seconde hypothèse, il importe de ne laisser aucun doute sur ces difficultés que je viens de signaler comme inhérentes à la première. C'est une question d'art, et je veux, à son sujet, m'appuyer de l'autorité de M. Job, ingénieur en chef. Voici ce qu'il dit :

« A Port-Sainte-Marie, nous trouvons là un commencement des 54 kilomètres de canal presque achevés, un pont sur une route royale, un second pont sur une route départementale, enfin le pont-canal de la Baïse. Pour utiliser une partie de ces travaux, il faut établir le chemin de fer dans le fond du canal. C'est le seul endroit où nous ayons adopté cette disposition ; partout ailleurs, excepté sous le pont de Damazan et sous celui du Mas, nous posons le chemin de fer sur la digue d'inondation du canal ou sur le chemin de halage. Cela entraîne malheureusement la démolition des ponts de communication ; mais il est impossible de construire un chemin de fer dans le fond du canal creusé pour un tirant d'eau de 2 mètres 20 centimètres, dans un terrain rempli de sources. C'est actuellement un long marais qu'il faudrait remblayer sur plus de 1 mètre 50 centimètres de hauteur ; alors, les locomotives ne pourraient plus passer sous les ponts, à moins qu'on exhausse ces ouvrages, ainsi que la rampe, à leurs abords.

Mais comme elles sont déjà élevées de 8 à 10 mètres au-dessus de la plaine, ce travail serait fort dispendieux. D'ailleurs, il serait très-difficile d'assainir la voie de fer dans cette espèce de fossé, lorsqu'on construirait un grand nombre d'aqueducs-siphons, et qu'on établirait des clapets dans les digues pour la protéger contre les crues de la Garonne. Le chemin de fer serait ainsi à la merci d'un trou de taupe, de la négligence d'un garde ou de la malveillance d'un riverain. »

A la suite de ces observations, M. Job indique les courbes à petits rayons qu'il faudrait forcément rectifier et les travaux considérables qu'elles entraîneraient. Nous nous abstenons de reproduire cette partie de son travail, qui entre dans des détails peut-être trop techniques pour figurer convenablement dans cette lettre. Il termine ainsi son analyse :

« Quoi qu'on fasse, on ne parviendra pas, si on construit un chemin de fer, à assainir le pays. Qu'on reconstruise des aqueducs-siphons, qu'on établisse des clapets dans les digues, qu'on remblaie une partie du fond du canal pour l'écoulement des eaux de pluies et de sources, on aura toujours des marais. En effet, lorsqu'on a tracé le canal, on a choisi les lieux où le déblai provenant du creusement de son lit fît autant que possible les remblais des deux digues. Si l'on conserve l'une d'elles pour le chemin de fer, l'autre, jetée dans le plafond du canal, ne le remplira pas. Les eaux seront stagnantes sur beaucoup de points, et les réclamations des populations riveraines n'auront pas de terme, car il s'agira de leur santé, et même de la vie. Ainsi, sous tous les rapports, le canal latéral à la Garonne ne peut être *raisonnablement* utilisé pour le chemin de fer de l'Océan à la Méditerranée. »

Permettez-moi de croire cette autorité plus compétente que celle de M. Poujard'hieu, qui, dans votre numéro du 8 de ce mois, affirme d'instinct tout le contraire.

Je reviens donc à la seconde hypothèse. Le chemin de fer, pour se rapprocher des centres de population, pour placer ses stations d'une manière plus convenable, pour rectifier les courbes, s'éloignera sur quelque point du tracé du canal. D'abord, quant au produit, cette combinaison n'est pas plus favorable; car, maintenu sur la rive gauche de la rivière, le chemin de fer parcourt un pays où les habitants sont disséminés; ensuite, on ne fera pas ces déviations sans de fortes dépenses, et on perdra l'avantage de l'emploi de la plupart des travaux d'art exécutés pour le canal. Mais ici se présente une difficulté légale, à laquelle probablement les auteurs du projet n'ont pas songé.

Lorsqu'ils voudront rectifier les courbes à petits rayons, et les étendre selon les règles imposées pour la sécurité des voyageurs, ils seront obligés de faire leurs travaux sur un nouveau terrain, par conséquent de procéder par voie d'expropriation. Pour acquérir ces terrains, quelle loi invoqueront-ils? Est-ce celle de 1838, qui a ordonné l'exécution d'un canal de Castets à Toulouse? Non certainement, car les propriétaires auxquels ils s'adresseront leur opposeront une fin de non-recevoir, prise de ce qu'une loi qui a créé un droit d'expropriation pour cause d'utilité publique, à l'occasion d'une voie d'eau, ne peut pas ouvrir le même droit pour l'établissement d'un chemin de fer. Les enquêtes qui ont eu lieu, suivant les formes prescrites, n'ont pas eu pour objet un chemin de fer, mais bien un canal. Peut-on dire que le résultat aurait été le même, si la destination de l'ouvrage à entreprendre avait été celle qu'on veut lui donner aujourd'hui? N'est-il pas croyable, par exemple, d'après les observations que nous avons recueillies dans les documents officiels, que si, au lieu d'annoncer un canal, on avait parlé d'un chemin de fer, l'opinion des habitants de la rive droite ne se serait pas formulée en une vive opposition? Ils auraient invoqué leurs droits acquis sur le passage du roulage et des marchandises qui se dirigent de Bordeaux à Toulouse. Bordeaux et Toulouse auraient signalé les inconvénients de la rive gauche pour un chemin de fer, à partir de la ville de Langon, et auraient insisté pour que le tracé suivît l'autre rive. Mais, en admettant qu'on passât aisément sur ces récriminations, il n'en pourrait être de même sur les objections de droit qui s'élèveraient à l'occasion des travaux à faire sur des terrains non compris strictement sur la ligne du canal. Les propriétaires ne manqueraient pas de considérer insuffisante, comme déclarative de l'utilité publique, la loi de 1838 qui décide de l'exécution d'un canal. Le Gouvernement certainement ne se rendra pas complice d'une aussi monstrueuse violation de tous les principes ; s'il le faisait, il serait arrêté tout d'abord par les tribunaux, voire même par la juridiction administrative, à la première réclamation qui s'élèverait.

Faut-il supposer que M. Tarbé des Sablons, qui n'a fait aucune étude pour s'assurer de la possibilité d'exécuter son projet (et nous l'avons démontré), n'y a pas même sérieusement réfléchi, car il n'a pas l'air de se douter des difficultés qu'il rencontrera pour rectifier les courbes de la ligne du canal, modifier son tracé, et satisfaire aux conditions les plus nécessaires à l'établissement d'une voie ferrée ? Il n'est peut-être pas inutile de lui rappeler la série des formalités qu'il a à remplir.

L'utilité publique résulte de la loi qui autorise l'exécution des travaux *pour lesquels* l'expropriation est requise. (Loi du 7 juillet 1833).

Ainsi que nous le disons plus haut, une loi déclarative de l'utilité publique pour un canal ne peut valoir pour un chemin de fer.

La loi déclarative de l'utilité publique doit être précédée d'une enquête locale. Elle doit avoir lieu sur un projet ou avant-projet dressé par l'administration ou la compagnie, où l'on fait connaître le tracé général de la ligne des travaux, les dispositions principales des ouvrages les plus importants, et l'appréciation sommaire des dépenses. — M. Tarbé des Sablons n'est pas même en mesure de remplir cette première condition !

La plus grande publicité est donnée à l'enquête, et des registres sont ouverts, pendant un mois au moins et quatre mois au plus, au chef-lieu des départements et des arrondissements intéressés, à l'effet d'y recevoir les observations des habitants. L'enquête a pour but de constater s'il y a utilité à ouvrir une route de telle ville à telle ville, de réunir le bassin de tel fleuve à tel fleuve, d'unir, par un chemin de fer, tel foyer de production à tel foyer de consommation. — Après l'expiration du délai ci-dessus, une commission de neuf à treize membres, formée par le préfet dans chaque département intéressé, se réunit dans un nouveau délai d'un mois, examine les observations consignées sur les registres, donne son avis sur l'utilité de l'entreprise, dresse procès-verbal du tout, et l'envoie au préfet, qui l'adresse à l'administration supérieure dans les quinze jours suivants. L'avis des Chambres de commerce, et, au besoin, des Chambres consultatives des arts et manufactures, devra également être demandé.

C'est seulement après l'accomplissement de ces formalités si nécessaires pour les garanties publiques, que le projet de loi déclaratif de l'utilité publique est soumis au pouvoir législatif.

M. Tarbé des Sablons dit, dans la note qu'il a insérée dans le *Mémorial Bordelais*, qu'il aura exécuté *dans trois ans* un chemin de fer de Bordeaux à Toulouse, aux lieu et place du canal latéral. Dans un an, il n'aura pas même terminé l'instruction préalable de son projet d'après les formalités que je viens d'indiquer. Il en est ainsi de la plupart de ses assertions.

Je crois, Monsieur, avoir démontré dans les deux lettres que j'ai eu l'honneur de vous adresser :

Que la proposition de transformer en chemin de fer le canal latéral à la Garonne ne repose sur aucune étude sérieuse ;

Que l'état des lieux, les travaux déjà exécutés, s'y opposent invinciblement ;

Que, prendre en sérieuse considération ce projet qui n'est pas sérieux, ce serait abandonner une œuvre près d'être terminée, pour en entreprendre une qui n'a pas même chance d'être mise à exécution.

Vous me permettrez, je l'espère, d'ajouter quelques observations sur ce dernier point, et de vous exposer les avantages qu'aura pour le midi de la France et le commerce de Bordeaux l'achèvement du canal latéral à la Garonne.

Recevez, Monsieur, l'assurance de ma haute considération,

N. FESTUGIÈRE.

TROISIÈME LETTRE.

Paris, le 16 décembre.

MONSIEUR,

J'ai signalé dans mes précédentes lettres les difficultés d'art, les obstacles matériels que rencontrerait l'établissement d'un chemin de fer sur le tracé du canal latéral à la Garonne. Ce projet est certain, s'il vient à se produire d'une manière régulière, d'être arrêté tout d'abord par une fin de non-recevoir absolue, que lui opposera le conseil supérieur des Ponts-et-chaussées.

Mais l'auteur de cette proposition ne manque pas de courage, et semble défier à plaisir les plus grandes difficultés. Voyez, en effet, les conditions qu'il pose au Gouvernement :

1° De recevoir à titre de subvention toutes les parties actuellement exécutées ou en cours d'exécution du canal latéral à la Garonne, avec leurs circonstances et dépendances, dans l'état où elles se trouvent, afin d'établir un rail-way dans le fond ou sur les bords du canal ;

2° La jouissance de cette ligne pour quatre-vingt-dix-neuf ans ;

3° Une garantie d'intérêt de 4 p. 100 l'an ;

4° Une subvention de 11 millions.

Il n'existe encore aucun exemple d'un contrat proposé à l'État avec un assortiment aussi complet de charges onéreuses pour lui. Espère-t-on sérieusement pouvoir les lui faire accepter ?

L'abandon des travaux du canal déjà exécutés figure à titre de subvention.

M. Tarbé des Sablons pense donc en tirer parti pour la construction de son chemin de fer. Je crois lui avoir prouvé qu'il se faisait à cet égard une illusion que des études approfondies auraient dissipée. S'il était pris au mot, il reconnaîtrait à l'œuvre que l'obligation de suivre le tracé du canal ne peut pas être remplie ou le conduira à des dépenses à peu près équivalentes à celles

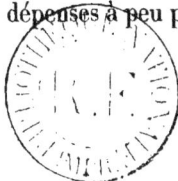

2

que lui causerait un nouveau tracé. Mais si M. Tarbé des Sablons fait mal son compte, le Gouvernement et l'Assemblée feront mieux celui du Trésor public, et supputeront rigoureusement la perte que leur imposerait cette première condition.

Dans l'opuscule qu'il a publié, M. Tarbé des Sablons estime à un revenu de 597,998 fr. les recettes auxquelles l'État renoncerait en lui livrant le canal pour le combler. Il a le soin d'ajouter, dans une note placée avec habileté au bas de la page : « *Tous ces chiffres émanent de documents officiels.* » J'ai sous les yeux tous les documents officiels, et voici ce qu'ils établissent :

Le canal latéral à la Garonne n'est ouvert que jusqu'à Agen, et seulement depuis deux ans. Sa circulation, cette année, s'est élevée, sur celle de l'année 1848, de 139,863 tonnes à 166,730 tonnes, chiffre auquel elle était parvenue à la fin d'octobre dernier. Lorsque le canal arrivera jusqu'à Castets, lieu de son embouchure, il transportera 200,000 tonnes. — Si, à cette quantité, vous appliquez le chiffre moyen des tarifs de tous les canaux, c'est-à-dire 5 c., vous avez une recette totale de ....F. 2,040,000

De laquelle il faut retrancher pour frais d'administration, entretien et personnel (d'après l'estimation des Ponts-et-Chaussées)................................ 400,000

Il reste net.................F. 1,640,000

Voilà ce que M. Tarbé des Sablons appelle *un objet sans valeur* [1].

Je ne cite que les chiffres des documents officiels, je n'y substitue pas les miens ; car je n'ai pas l'intention de discuter autre part que devant mes actionnaires les avantages qui peuvent résulter de l'exploitation de cette voie de communication.

Il y a dans l'Assemblée et dans le Gouvernement des économistes et des financiers qui croient, ainsi que je l'établirai plus loin, à la puissance des canaux. Ils ne penseraient pas céder une non-

(1) M. Job estime que la circulation doit être de 250,000 tonnes. — Voir son rapport.

valeur à **M**. Tarbé des Sablons, s'ils lui accordaient, pour le transformer à son profit, un canal qui, dès le premier jour de son
exploitation totale, transporte 200,000 tonnes. Cette subvention,
stérilisée par l'emploi que veut lui donner l'auteur du projet, n'en
a pas moins une immense importance.

Que dire de la seconde condition, la garantie d'un intérêt de
4 p. 100, qui ne vienne à l'esprit de tout lecteur attentif? Ce
mode d'assistance, à notre avis, est le meilleur ; c'est celui que
le pouvoir législatif devrait accorder de préférence. Mais on le
compromet quand on l'annexe, comme on le fait en cette circonstance, à une subvention en nature. On fait une proposition absolument analogue à celle qui sert de base au projet de loi pour le
chemin de l'Ouest, accueilli ces jours derniers par tous les bu-
reaux de l'Assemblée avec une désapprobation marquée. Ce projet de loi, vous le savez, demande tout à la fois en faveur des
concessionnaires, par application de la loi de 1842, une somme
représentant l'achat des terrains, les terrassements et les ouvrages d'art, et une garantie d'intérêt de 4 p. 100. On lui reproche
ce cumul des deux modes d'assistance. La proposition de **M**. Tarbé
des Sablons pèche par le même vice, car il prend si bien les travaux faits sur le canal comme l'équivalent de ceux qui seraient
à la charge de l'État d'après le système de la loi de 1842, qu'au
lieu de constituer son fonds social à 113 millions, ainsi que l'exigerait la confection de toute la ligne jusqu'à Toulouse, si elle était
entièrement à sa charge, il ne pense à demander aux capitalistes
qu'une somme de 72 millions. Le Gouvernement, averti par le
mauvais effet de sa première tentative, ne consentira certainement
pas à présenter à l'Assemblée une seconde fois ce mode en partie
double d'assistance.

Le projet de loi pour le chemin de fer de l'Ouest, à tout considérer, serait encore moins onéreux que celui de **M**. Tarbé des
Sablons ; car le premier limite la garantie de 4 p. 100 à cinquante
ans, quoique la jouissance demandée soit aussi de quatre-vingt-
dix-neuf ans, et à la somme effectivement déboursée par la compagnie, soit 40 millions, tandis que, dans le second, la garantie

dure quatre-vingt-dix-neuf ans, c'est-à-dire tout le temps de la concession, et porte sur le capital total sans acception de la portion représentée par l'abandon du canal. M. Tarbé des Sablons est un homme rompu aux affaires, et ce n'est probablement que par inadvertance qu'il établit sur de pareilles données son plan financier. Il n'a pas eu sans doute le temps d'étudier cette partie de sa proposition plus que celle relative aux travaux nécessaires à son chemin.

Je ne dirai rien de la jouissance de quatre-vingt-dix-neuf ans. Je me bornerai à rappeler les répugnances de l'Assemblée à aliéner pour un si long temps une artère importante de la circulation commerciale du pays. Cette répugnance sera d'autant plus vive, qu'on remarquera la solution de continuité qui résultera de ce fait, qu'à l'époque où les concessions des chemins de fer du Havre et de la frontière du Nord à Paris, de Paris à Bordeaux, seront éteintes et permettront au Gouvernement la libre disposition des tarifs, celui de Bordeaux à Toulouse, tronçon important pour la jonction de tous ces points avec le sud-ouest et Marseille, restera entre les mains d'une compagnie avec un tarif qui ne dépendra que d'elle.

J'arrive à la quatrième condition posée par M. Tarbé des Sablons : une subvention de 11 millions.

Pourquoi cette nouvelle subvention de 11 millions ? Sur quoi la motive-t-on ? Comment ne se confond-elle pas avec la subvention précédente, consistant dans la livraison du canal et de ses dépendances ? Il serait facile de multiplier les questions à ce sujet ; l'explication n'est pas, il est vrai, dans la brochure de M. Tarbé des Sablons ; c'est un secret qu'il a voulu garder, mais que tout le monde devine, et que M. Poujard'hieu, moins réservé que lui, a consigné tout au long dans l'article inséré dans votre journal. Ces 11 millions représentent le cautionnement déposé au Trésor par l'ancienne compagnie du chemin de fer de Bordeaux à Cette, cautionnement devenu propriété de l'État par la déchéance de cette compagnie. M. Tarbé des Sablons, qui signe *liquidateur de l'ancienne compagnie du chemin de fer de Bordeaux à Cette,* veut, au moyen de cette clause, faire rentrer ses co-associés dans le capital que détient à leur préjudice le Trésor public. L'idée de substituer un rail-way au canal latéral n'a pas d'autre but, soyez-en convaincu.

Cette pensée est à sa seconde édition. Son auteur l'a produite, il y a cinq mois, à l'occasion d'une demande de concession du chemin de fer de Paris à Avignon. Il demandait au Gouvernement la restitution des cautionnements des compagnies de Fampoux, de Caen, de Bordeaux à Cette, déclarées en déchéance, et les faisait figurer dans la formation du capital de la compagnie, en accordant à leurs actionnaires un nouveau titre pour lequel ils étaient censés avoir versé 50 fr., équivalent de leur part dans ces cautionnements. — Cette stipulation étrange souleva tout d'abord, dans la commission du budget, une question de principe extrêmement grave. Est-il convenable que le Gouvernement abandonne ses droits, quand des entrepreneurs qui ont contracté vis-à-vis de lui des obligations soumises à une pénalité ne les ont pas remplies? Cet exemple d'indulgence n'aurait-il pas un funeste effet? N'encouragerait-il pas des hommes sans consistance à se présenter pour exécuter les plus grandes opérations, persuadés qu'en cas d'insuccès, ils n'auraient pas même à perdre la somme déposée en garantie dans les caisses du Ministère des finances? Je sais tout ce que les compagnies peuvent dire pour faire fléchir la rigueur du droit, et je n'insisterai pas sur ce point, car je voudrais qu'elles gagnassent leur cause.

Mais, à cette objection de principe, ou en a ajouté bien d'autres, qui n'étaient plus faites au point de vue du devoir de l'État, gardien de la fortune publique, mais au point de vue des intéressés aux cautionnements. On dit : Des fonds ont été réunis, ici pour faire un chemin de fer traversant la Normandie, là pour relier le port de Bordeaux à la Méditerranée ; ceux qui les ont fournis se sont probablement imposé des sacrifices pour contribuer à enrichir le pays qu'ils habitent des avantages d'une voie de communication perfectionnée. Si le Gouvernement consent bénévolement à restituer ces fonds sans les remettre directement dans les mains de ceux qui les ont versés, peut-il équitablement leur donner une affectation autre que celle qu'ils avaient dans l'origine ? Ne serait-ce pas un acte arbitraire que de lier ainsi à une entreprise consacrée au Nord un actionnaire du Midi, et *vice versâ* ? D'ailleurs, quel fondement pourrait-on faire sur une association formée sur le choix et le libre arbitre de ceux qui la composeraient ? N'est-il pas évident que la plupart d'entre eux s'en retireraient au plus vite, en vendant le nouveau titre qu'ils auraient acquis, heureux de rentrer dans une somme qu'ils croyaient perdue, et désireux de ne pas courir le même danger à l'occasion d'une entreprise à laquelle ils ne portent aucun intérêt ?

M. Tarbé des Sablons sait bien que ce sont là les raisons qui ont soulevé, dans l'Assemblée, les préventions les plus fortes contre la soumission pour le chemin de fer de Paris à Avignon ; il les retrouverait aussi puissantes aujourd'hui, quoique pour les affaiblir il ait choisi un autre terrain. Croit-il, par exemple, que les représentants des départements et des villes situées entre Toulouse et Marseille ne s'armeraient pas des mêmes arguments pour empêcher que des fonds destinés à un chemim de fer de Bordeaux à Cette servissent exclusivement à l'établissement du fragment de cette ligne entre Bordeaux et Toulouse ? Croit-il que les populations de la rive gauche de la Garonne n'élèveraient pas les mêmes objections quand elles verraient qu'on veut appliquer à un rail-way, sur la rive droite, des capitaux qui devaient profiter à leur contrée ? Quoique corrigée ou plutôt modifiée, cette proposition, dans son nouveau texte, ne vaut pas mieux que dans l'ancien. Elle échouerait une seconde fois.

J'ai examiné toutes les difficultés que rencontrerait la proposition de M. Tarbé des Sablons. Lui, à son tour, critique l'entreprise que je sollicite de la confiance du Gouvernement et de l'Assemblée. Il soulève contre elle plusieurs objections auxquelles je vous prie de me permettre de répondre dans une prochaine lettre.

Recevez, Monsieur, l'assurance de ma parfaite considération.

N. FESTUGIÈRE.

QUATRIÈME LETTRE.

Paris, le 18 décembre 1850.

Monsieur,

Quelles sont les principales objections que M. Tarbé des Sablons fait à l'achèvement, ou, pour mieux dire, à la continuation du canal latéral à la Garonne ? Les voici :

1° Le canal latéral à la Garonne n'est pas nécessaire, car il ne rend pas d'autres services que ceux que rend la rivière ;

2° Si le canal est terminé, il privera les départements du sud-ouest des avantages d'un chemin de fer, attendu que les deux voies ne peuvent pas co-exister sur le même parcours.

Je vais examiner ces deux propositions. — *Le canal ne fait pas d'autre office que celui de la Garonne, et, par conséquent, il est inutile.* — Que M. Tarbé des Sablons, qui habite Paris, avance une pareille assertion, je le comprends ; mais il m'est permis de m'étonner que M. Poujard'hieu, homme de la localité, pouvant s'enquérir de l'exactitude des faits, la reproduise. Le but qu'on s'est proposé, en ouvrant cette voie d'eau parallèlement à une rivière, était d'affranchir notre commerce des difficultés de la navigation dans cette même rivière ; des incertitudes et des lenteurs auxquelles les expéditions y sont exposées ; des avaries et des frais qu'elles supportent, soit dans leur trajet, soit à l'occasion d'un transbordement pour passer sur les barques du canal du Languedoc et continuer leur voyage vers la Méditerranée.

Ce sont là les motifs qui ont décidé de cette grande entreprise. Eh bien ! que mes honorables contradicteurs s'adressent au premier riverain venu ; qu'ils lui demandent si aujourd'hui on peut, sans subir tous les inconvénients dont je viens de parler, expédier des marchandises par la Garonne pour Cette et Marseille ? Ils entendront une réponse où seront répétés contre le service de la rivière tous les reproches qu'en 1836, 1837 et 1838, le com-

merce de Bordeaux lui adressait. Ils verront que les mêmes obstacles existent toujours sur son parcours ; qu'elle est sujette aux
mêmes inondations, à des déplacements continuels dans son lit ;
qu'elle a des bancs de gravier, portés tantôt d'un côté, tantôt de
l'autre, par son courant torrentiel, et gênant presque partout la
navigation ; que, pendant une partie de l'année, ses eaux sont tellement basses qu'elles suffisent à peine aux embarcations les plus
faibles ; qu'enfin, dans les conditions où elle est, la communication d'une mer dans l'autre telle que Riquet et Louis XIV l'a-
vaient conçue à l'occasion du canal du Languedoc, est encore à
réaliser.

M. Poujard'hieu, qui prétend que les travaux qui ont été exécutés dans la Garonne depuis quelques années rendent inutile le
canal, ne sait probablement pas en quoi consistent ces travaux.
Pour qu'ils eussent l'effet qu'il leur attribue, il faudrait qu'ils as-
surassent à la navigation fluviale un tirant d'eau de 2 mètres 20
centimètres, c'est-à-dire l'équivalent du tirant d'eau du canal ;
alors, oui, certainement, le canal serait une superfluité, et on aurait sans lui une navigation non interrompue entre Bordeaux et la
Méditerranée. Mais, quoique des améliorations réelles aient été
introduites dans le régime de la Garonne, elles n'en laissent pas
moins subsister les principales difficultés que j'ai énumérées. Les
ouvrages faits ont eu spécialement pour objet de défendre les
propriétés riveraines. Seulement, au-dessous de Castets, où l'influence de la marée se fait encore sentir, on peut espérer un
mouillage de 2 mètres 20 centimètres ; au-dessus du point que
nous venons d'indiquer, tous les ingénieurs sont d'accord pour reconnaître que l'on n'aura jamais un tirant d'eau dépassant 80 centimètres à 1 mètre.

Il n'est donc pas possible, à moins de nier les faits constatés,
d'assimiler le service actuel de la Garonne à celui que fera le
canal. Le canal aura partout et toujours un tirant d'eau de 2 mètres 20 centimètres ; il permettra de naviguer pendant les journées
de brouillard si fréquentes dans la vallée de la Garonne, et d'établir un transport accéléré en naviguant pendant la nuit. Les ba-

teaux sur le canal n'ont à subir ni les inconvénients des crues, ni surtout les courants à la remonte. Il a été conçu dans une double pensée : comme voie intérieure, mettant Bordeaux en relation directe avec la Méditerranée, le Rhône et ses affluents ; et comme voie extérieure, dispensant le commerce français et étranger du long détour par le détroit de Gibraltar, pour le transit d'une mer dans l'autre. C'est dans ce dernier but qu'on a donné au canal des proportions gigantesques, celles d'une communication maritime. Avant sa mise à exécution, on pouvait avoir quelque incertitude sur le succès d'un tel projet ; aujourd'hui qu'il touche à sa fin, il n'est plus possible de douter ; il est certain que les tartanes génoises et des bâtiments de même forme pourront aller de la Méditerranée dans l'Océan sans rompre charge. Des goëlettes sont venues déjà de Cette à Toulouse, et, si elles n'ont pas continué ce service, la cause en est uniquement dans les entraves de la douane, qui les obligeait à décharger leur cargaison pour les visiter. C'était l'équivalent d'un transbordement [1]. Cette difficulté, purement administrative, disparaîtra dès que le canal sera achevé.

Mais, pour compléter l'instruction de cette partie de la question, nous demandons qu'on compare les transports actuels de la rivière avec ce qu'ils seront par le canal latéral. Le transport sur la Garonne d'une tonne de marchandise de Toulouse à Bordeaux, à la descente, coûte ordinairement 10 fr. — De Bordeaux à Toulouse, à la remonte, elle coûte très-souvent 25 fr., et quelquefois 20 fr. — Comme le mouvement de la descente est à peu près le double de celui de la remonte, le prix moyen revient pour la descente et la remonte à 13 fr. 33 c. — Avec le tarif du canal, le commerce obtiendra le même service au prix de 11 fr. 78 c. la tonne, en moyenne, pour la remonte et la descente ; une réduction de plus de moitié sur la durée du voyage, une économie correspondante sur l'intérêt du capital représenté par les marchandises expédiées, une grande exactitude dans l'arrivée des convois, la sup-

[1] Ce fait est consigné dans les documents officiels qui se trouvent au ministère des travaux publics.

pression des frais de transbordement, et n'aura plus à courir les risques d'avaries si nombreux sur la Garonne et dont les bateliers ne répondent pas.

Que M. Tarbé des Sablons et M. Poujard'hieu veuillent bien demander à la Chambre de commerce de Bordeaux si le canal ne fait pas d'autre office que la Garonne, et n'améliore pas considérablement les conditions de nos relations tant intérieures qu'extérieures ? Mais, cette réponse, la Chambre de commerce ne l'a-t-elle pas déjà consignée vingt fois dans les réclamations qu'elle a adressées au Gouvernement, et tout récemment encore dans sa lettre à M. le Ministre des travaux publics, en date du 23 octobre dernier, et dont j'ai eu l'honneur de vous citer plusieurs passages ?

J'arrive à la seconde objection.

Si le canal est terminé et mis en exploitation, il empêchera l'établissement d'un chemin de fer, et privera, par conséquent, les départements du Sud-Ouest des avantages propres à ce mode de communication.

On a beaucoup compté sur l'effet de cette assertion ; mais on s'est bien gardé de l'appuyer sur quelques raisons, car une discussion à son sujet lui ôterait bien vite la gravité qu'on affecte de lui donner. On s'est borné à dire d'un ton magistral que, partout, les chemins de fer ont tué les canaux ; que ces derniers ont renoncé à jouer un rôle dans le système économique des peuples devant la supériorité de la locomotion à la vapeur. Cela mérite la peine d'être examiné.

Je répondrai par des faits, pour prouver la fausseté de cette sentence.

En Angleterre. — Le chemin de fer de Londres à Birmingham longe, sur presque toute l'étendue de son parcours, le canal de Grande-Jonction, puis le canal d'Oxford.

Le chemin de fer de Birmingham à Manchester accompagne à la distance de quelques milles le canal du Grand-Trunck et les canaux qui le continuent.

Le chemin de fer de Londres à Bristol dessert les mêmes localités que les deux canaux : 1° de Kenit et d'Avon ; 2° de Wilshire et de Bershire. Il est latéral à ce dernier et au fleuve Avon.

Entre Liverpool et Manchester, ce n'est pas une seule ligne de navigation qu'il y avait avant l'établissement du chemin de fer, il en existait trois.

En Amérique. — Le canal Erié, de 550 kilomètres, est bordé d'un bout à l'autre d'un chemin de fer.

Le canal de la Chesepeake, de 350 kilomètres, suit le même parcours que le chemin de fer de Baltimore à l'Ohio.

Mais s'il était vrai qu'une voie d'eau ne peut pas co-exister avec un rail-way, dans quelles erreurs déplorables ne serions-nous pas tombés nous-mêmes en France ?

Le chemin de fer du Nord est latéral ou parallèle à la rivière de l'Oise, aux canaux de la Somme, de la Bassée, de la Deule et de Saint-Quentin.

Le chemin de fer d'Orléans à Nantes borde la Loire sur tout son parcours.

Celui d'Orléans à Vierzon suit la même ligne que les canaux de Loing, de Briare et le canal latéral à la Loire.

Celui de Paris au Havre, jusqu'à Rouen, marche côte à côte avec la Seine, et ce fleuve a si peu perdu de son importance pour le commerce, que chaque année il arrive au Gouvernement des réclamations des villes intéressées pour qu'il augmente les allocations de fonds destinées à son amélioration.

Depuis l'établissement et l'exploitation de ces chemins de fer, M. Tarbé des Sablons a-t-il appris que les compagnies de canaux aient été obligées de fermer leurs écluses ; que les entreprises de batelage sur les rivières aient renoncé à leur service ? Où a-t-il constaté que le transport à la vapeur ait détruit le transport par eau ? Je peux lui prouver, non pas le contraire, car je ne soutiens pas que les canaux absorbent à leur avantage exclusif le mouvement des marchandises, mais que, loin de souffrir du voisinage des chemins de fer, les canaux en ont éprouvé, pour la plupart, un accroissement de circulation. Je ne citerai pas des exemples pris en France, parce qu'on pourrait les récuser en excipant l'élévation des tarifs de nos canaux ; mais je dirai ce qui est à la connaissance de toutes les personnes qui s'occupent de cette matière : en Angleterre et en Belgique, les recettes des canaux se sont élevées depuis la création des raïl-ways qui les longent. Voici, à ce sujet, le résumé d'une sorte d'enquête, faite en Belgique par un des hommes dont la science honore le plus les Ponts-et-chaussées [1] :

« On a examiné dernièrement l'influence qu'ont pu exercer les rail-ways parallèles aux voies navigables en Belgique. On a trouvé que le canal de Bruxelles au Ruppel, dont le tarif n'a pas varié, a donné des revenus qui se sont élevés progressivement, depuis l'ouverture des chemins de fer, c'est-à-dire en dix ans, de F. 120,194 à 204,349.

» Le canal de Louvain au Zannegat a donné des résultats semblables, mais moins prononcés. Sur la Lys, rivière parallèle au rail-way de Gand à Coutray, il y a eu augmentation de produit et de circulation. Il en a été de même sur l'Escaut, à Gand, et en aval. Ces résultats sont d'un grand poids dans la question, surtout quand on a remarqué qu'en Belgique, le transport des marchandises est considérable, et *que les tarifs des chemins de fer y sont plus bas que partout ailleurs en Europe.* Aussi, est-ce l'opinion générale des ingénieurs belges que les canaux survivront à la lutte. »

Le vrai, c'est que les deux modes de transport ne sont pas inconciliables ; leur action simultanée tourne au profit du public ; ils se complètent l'un par l'autre. Les canaux reçoivent les marchandises encombrantes et de peu de valeur, celles qui ont plus besoin de bon marché que de célérité ; les rail-ways, de leur côté, prêtent leur rapide locomotion aux objets d'un prix élevé, et aux voyageurs qui, pour arriver vite, supportent plus de frais.

Ainsi, je ne puis admettre que l'achèvement du canal latéral à la Garonne soit une raison pour refuser aux départements méridionaux l'établissement d'un chemin de fer. C'est un épouvantail

---

(1) M. Minard, inspecteur divisionnaire des Ponts et chaussées.

de fantaisie qui ne figure dans cette discussion que pour intimider les esprits inattentifs. D'ailleurs, cette question n'est-elle pas jugée depuis longtemps ? Le canal latéral n'était-il pas en cours d'exécution quand les Chambres ont voté le grand réseau de nos voies ferrées prescrit par la loi de 1842, loi qui sert toujours de base aux travaux que nous exécutons ? Permettez-moi de vous rappeler une autre circonstance qui ne laisse aucun doute à ce sujet.

En 1844, ainsi que j'ai déjà eu l'honneur de vous le dire, sous l'empire du préjugé qu'invoquent mes adversaires, on proposa d'abandonner le canal de la Marne au Rhin et le canal latéral à la Garonne, en arrêtant le premier à Bar-le-Duc, le second à Agen, et de leur substituer un chemin de fer. Avant de se prononcer définitivement, les Chambres voulurent être éclairées ; une enquête eut lieu, et l'année suivante, dans la session de 1845, on reconnut que ce projet n'était pas admissible. On vota le chemin de fer de Paris à Strasbourg, parallèlement au canal de la Marne au Rhin, dont l'achèvement fut décidé. Dans le débat qui s'éleva à cette occasion, la voix du Havre se fit entendre ; la Chambre de commerce de cette ville ne manqua pas de faire ressortir combien la voie d'eau lui était nécessaire pour assurer son transit vers l'Allemagne et la Suisse. Ainsi, elle calculait que les marchandises expédiées de son port par le chemin de fer jusqu'à Strasbourg, supportant, en moyenne, un tarif de 15 centimes, sur un parcours de 738 kilomètres, occasionneraient une dépense de 100 fr. 70 cent., tandis que les frais de transport du Havre à Strasbourg, par la Seine et la voie des canaux, ne reviendrait pas à plus de 54 fr. 90 cent [1].

Après des faits pareils, je le demande, est-il possible de s'arrêter à l'objection que M. Tarbé des Sablons tire de la co-existence, selon lui impossible, du canal et du chemin de fer de Bordeaux à Toulouse ? Pourquoi refuserait-on aux départements du

---

[1] Voir au *Moniteur*, session de 1845, la discussion sur le chemin de fer de Paris à Strasbourg.

Midi ce qui a été accordé aux départements de l'Est, après des études sérieuses et une discussion de principe aussi approfondie que celle dont je viens de citer les principales circonstances ? Le commerce de Bordeaux ne le cédera pas en intelligence à celui du Havre, et saura demander, pour son transit de l'Océan dans la Méditerranée, ce que celui-ci a obtenu pour son transit sur l'Allemagne. La question est la même ; elle ne peut avoir que la même solution.

Non ! il n'est pas possible de soutenir que, là où un canal existe, un chemin de fer n'est pas nécessaire. C'est un argument que les faits démentent, ainsi qu'on vient de le voir. S'il fallait une preuve de plus contre cette thèse singulière, je la prendrais dans l'état des tarifs qui servent à ces deux modes de circulation. Les uns, ceux des chemins de fer, sont de 12 c. $\frac{1}{2}$, 14, 16, et même 18 ; les autres, ceux des canaux, ne sont que de 4 à 5 c. De cette différence résulte principalement la distinction dans les services que rendent ces deux voies. On saisira cette observation par un exemple.

Voici ce que coûterait une tonne de marchandises de Bordeaux à Toulouse par le chemin de fer. Je prends pour base de mon calcul la cinquième classe du tarif de Paris au Havre, où se trouvent des marchandises analogues à celles qui circulent sur le canal.

Parcours : 260 kilom., à 07 c. 65 par kilom.....F.   19 89

Par le canal et la Garonne, même parcours, à 04 c.

50 par kilomètre..   11 70

Différence en faveur du canal.....................F.   8 19

Ainsi, l'économie est de près de 50 p. 100 ! Elle vaut certainement la peine d'être faite, et les négociants ne la dédaigneront pas.

Si je ne craignais de surcharger cette lettre de chiffres effrayants pour vos lecteurs, j'établirais, en faisant la même application au mouvement actuellement existant entre Bordeaux et Toulouse, que le canal comparé au chemin de fer donne une économie annuelle pour le commerce de Bordeaux pas moindre de 2 millions. Jugez de l'importance que ce fait acquerra lorsque la voie nouvelle aura développé nos relations et amené un transit d'une mer dans l'autre, qui, en ce moment, n'existe pas.

Je conclus de cette discussion que les deux voies sont essentielles à la prospérité du sud-ouest de la France ; que chacune d'elles a son importance et son utilité ; que le chemin de fer doit passer sur la rive droite, parce que les voyageurs sont son aliment principal, et que le mouvement des points intermédiaires entre eux lui est indispensable ; que le canal sur la rive gauche, destiné aux marchandises, vivifiera les départements traversés, et, par la jonction des deux mers, ouvrira un vaste champ à notre commerce.

Prenons garde, pour avoir un chemin de fer, dont les études ne sont pas encore faites (j'entends sur la rive gauche), de perdre les avantages d'un canal qui, si ma proposition est accueillie, sera terminé en trente mois ! Cette folie nous coûterait bien cher !

Recevez, Monsieur, l'assurance de ma parfaite considération.

N. FESTUGIÈRE.

CINQUIÈME LETTRE.

Paris, 20 décembre 1850.

MONSIEUR,

Votre numéro du 15 de ce mois contient un nouvel article de M. Poujard'hieu au sujet du canal latéral à la Garonne. Votre honorable correspondant ne discute pas les objections que j'ai eu l'honneur de faire à la proposition de M. Tarbé des Sablons. Je le conçois : il est difficile, quelque bonne volonté qu'on y mette, de répondre à des faits aussi précis que ceux que j'ai cités, à des autorités aussi compétentes que celles dont j'ai invoqué l'appui. M. Poujard'hieu préfère élever une sorte d'accusation contre tous ceux qui ont soutenu et demandé jusqu'à présent l'achèvement du canal latéral. Selon lui, si des voix se sont élevées dans la Gironde pour réclamer la construction de cette voie de communication, elles n'avaient d'autre objet que de forcer le Gouvernement à porter son attention sur notre département. Au fond, elles ne tenaient nullement à ce qu'on leur accordât ce qu'elles demandaient. Ainsi, elles jetaient en avant l'idée d'un travail gigantesque; elles sollicitaient le Gouvernement de l'entreprendre; mais elles savaient que l'opération était inutile, qu'elle devait rester sans résultat réel pour le pays. Vraiment, c'est prêter à nos populations un rôle peu digne de leur intelligence et de leur bon sens. Et la Chambre de commerce, le Conseil général, le Conseil municipal auraient attaché leur responsabilité à une démonstration aussi machiavélique! Ils auraient forcé l'Etat, soulevant l'opinion publique, à dépenser cinquante-cinq millions tout simplement pour lui apprendre qu'il doit s'occuper de nous, et nous donner notre part des largesses du Trésor! Vraiment, ce n'est pas sérieux.

M. Poujard'hieu, certainement, ne connaît pas l'histoire du canal latéral; autrement il aurait évité de nous la faire raconter, car elle ne peut profiter à la thèse qu'il soutient. Je me borne à citer quelques-unes de ses phases.

En 1834, deux opinions existaient à Bordeaux au sujet des améliorations à introduire dans nos rapports commerciaux avec le Midi. Quelques personnes, en s'étayant de l'appui d'un ingénieur d'un grand mérite, disaient qu'on pouvait, au moyen de barrages mobiles et en employant le dragage, assurer une bonne navigation dans la Garonne. D'autres, avec l'autorité de M. de Baudre, ingénieur divisionnaire, qui avait fait de longues études sur le régime de notre fleuve, déclaraient que ce résultat était impossible. Elles faisaient observer, comme preuve de leur assertion, que la largeur de cette rivière est de 160 mètres; que sa pente entre Agen et le Lot est de zéro par kilomètre; que son débit d'étiage ne dépasse pas 80 mètres cubes par seconde.

Elles concluaient de ces faits que, même avec des barrages, on ne serait pas certain d'avoir 1 mètre de tirant d'eau, et que, pour obtenir 1 mètre 20 centimètres de plus avec des dragages, il faudrait entreprendre tous les ans, et quelquefois même plusieurs fois par an, des travaux immenses qui, indépendamment de l'énormité de la dépense, présenteraient l'inconvénient de n'être pas toujours exécutables.

Les esprits se partagèrent entre ces deux systèmes. Le premier n'exigeait qu'une dépense de 20 à 25 millions; le second était évalué à 45 millions. Le Conseil général, en 1835, livré aux incertitudes de l'opinion publique, et craignant de ne pouvoir faire adopter par le Gouvernement et par les Chambres l'idée d'un travail aussi gigantesque, se prononça contre le canal, et demanda l'amélioration de la Garonne au moyen des travaux dont j'ai parlé plus haut.

Telle est l'explication du rapport que l'honorable M. Ducos fit à cette époque, et dont M. Poujard'hieu s'arme contre nous.

Mais puisque M. Poujard'hieu faisait une revue rétrospective des procès-verbaux de notre Conseil général, pourquoi s'est-il arrêté à cette seule citation ? S'il avait poussé plus avant ses recherches, il aurait vu que, dans les années suivantes, les opinions avaient fini par se fixer et par demander unanimement la création du canal latéral. Il aurait trouvé des rapports de M. Théodore Ducos lui-même, des opinions émises par M. Wustenberg, Henri Fonfrède, par tous les hommes considérables de notre département, exprimant en termes énergiques le vœu qu'une voie navigable artificielle fût créée parallèlement à la Garonne, afin d'achever le grand œuvre de Riquet.

De 1834 à 1838, la discussion finit par éclairer les esprits. Ils reconnurent l'insuffisance de la Garonne, quels que fussent les travaux auxquels on la soumettrait, et se rallièrent à la demande du canal latéral. Dès-lors, et presque chaque année, il est parti de notre Chambre de commerce, de notre Conseil municipal et de notre Conseil général, des instances très-vives pour l'exécution de cet immense projet.

Les Chambres furent enfin saisies, en 1838, d'une proposition pour la réalisation de cette pensée. Dans le sein de la commission de la Chambre des députés, quelques personnes prétendirent aussi que la Garonne suffisait au besoin de notre commerce, et qu'en l'améliorant, elle donnerait une bonne navigation. On opposa, encore une fois, le système des barrages mobiles à la création du canal. Cette question fut vidée définitivement dans les termes suivants :

« Lorsque deux solutions se présentent, l'une la moins coûteuse, mais la moins sûre, l'autre la plus coûteuse, mais la plus parfaite, on ne doit pas hésiter à préférer la dernière, parce qu'un grand ouvrage de cette espèce, destiné à ouvrir la communication entre deux mers, doit être conçu comme une chose permanente et durable, et ne rien donner au hasard. » [1]

En 1844, ainsi que je l'ai rappelé, les Chambres suspendirent les allocations destinées au canal latéral, sous le prétexte que, peut-être, il serait possible d'utiliser les travaux faits entre Agen et Castets, sur la rive gauche, pour un chemin de fer. J'ai déjà dit que l'enquête qui fut ordonnée à cette occasion constata l'impossibilité d'un pareil projet, celui que ressuscite M. Tarbé des Sablons. Le Conseil général s'émut dans cette circonstance, et je lis, dans un rapport qui lui fut présenté par l'honorable M. Ducos, le passage suivant :

« Cette mesure, calamiteuse pour tout le pays, et en particulier pour le commerce de Bordeaux, sera également onéreuse pour le Trésor..
....

» Mais ce n'est plus seulement sous ce rapport que la question doit être envisagée : l'entrée en rivière depuis Agen la change tout à fait. En effet, le canal, qui était maritime, devient un simple canal ordinaire. Les goëlettes et les tartanes de la Méditerranée seront obligées de rompre charge à Toulouse et à Agen ; le commerce ne trouvera plus l'économie d'un transport direct, et n'obtiendra plus la diminution promise par la compagnie du canal du Languedoc sur le transport des marchandises, et enfin

(1) Voir le rapport de M. le marquis de Dalmatie.

l'État, en cas de guerre, n'aura plus une communication avec la Méditerranée, sans passer par le détroit de Gibraltar.

» De plus, les travaux entre Agen et Castets sur la rive gauche seront entièrement perdus, et *ne pourront pas, comme on l'avait d'abord pensé, servir à la construction du chemin de fer, qui, pour être fructueux, doit suivre la rive droite, sur laquelle se trouvent les centres de population.* »

A la suite de ce rapport, le Conseil général émet le vœu que le Gouvernement saisisse les Chambres de la demande des crédits nécessaires à l'achèvement du canal latéral. Le Conseil ajoute à sa résolution ces expressions caractéristiques : « *Il a la conviction profonde que les intérêts généraux du pays, et ceux des départements traversés en particulier, exigent impérieusement que les travaux du canal soient conduits jusqu'à Castets.* »

Dans cette même session, le Conseil général s'occupa aussi du chemin de fer de Bordeaux à Cette. Il avait si peu l'idée de lui sacrifier le canal, ainsi que le propose M. Tarbé des Sablons, qu'il eut soin, en exprimant un vœu en sa faveur, d'ajouter cette réserve : « *Toutefois sans entendre affaiblir le vœu que le Conseil général a émis pour la reprise des travaux d'achèvement du canal latéral, qui procurera, par le mouvement des affaires, des moyens de transport moins coûteux que par toute autre voie.* »

En 1845, la même question se reproduisit. Dans un rapport très-développé, M. Ducos insista encore pour demander l'achèvement du canal latéral. Son travail a un intérêt d'actualité, et je le recommande à l'attention de M. Poujard'hieu, qui aime, et je ne m'en étonne pas, à s'appuyer sur l'autorité de notre honorable concitoyen. « Si cette voie d'eau était menacée d'abandon, disait M. Ducos, c'est que quelques esprits sont disposés à donner une préférence exclusive aux chemins de fer. Nous croyons que c'est là une erreur qu'il est nécessaire de combattre. Chacune de ces voies de communication a un but différent, en même temps qu'un caractère distinct. Les canaux sont par leur nature destinés à desservir plus spécialement les pays agricoles, dont les produits encombrants ont plus besoin, pour leur transport, de bon marché que de célérité. Les chemins de fer, au contraire, font le service des personnes et des marchandises de prix ; ils sont donc plus appropriés aux exigences des contrées industrielles. Il ne faut donc pas confondre ces deux sortes de voies de communication ; leur spécialité est distincte, et mérite d'être observée. »

Ne dirait-on pas que ces observations ont été écrites pour répondre à MM. Poujard'hieu et Tarbé des Sablons, qui veulent absolument qu'on comble un canal pour mettre dessus un chemin de fer ?

Je ne voudrais pas multiplier les citations, mais je ne puis me refuser la satisfaction de reproduire cette dernière considération empruntée au même rapport : *La résolution d'abandonner ce magnifique travail, si elle venait à s'accomplir, accuserait, de la part du Gouvernement et des Chambres* (j'ajoute : Et de la part du département de la Gironde, car la question lui est posée), *un manque de suite et de persévérance que nous ne saurions trop déplorer.* »

Encore une fois, et *plus vivement que jamais* (c'est l'expression que je lis dans les procès-verbaux), le Conseil général de la Gironde émet un vœu pour l'achèvement du canal.

Enfin, notre Assemblée départementale a persisté dans les mêmes sentiments. Dans sa dernière session, et je n'ai pas besoin de le rappeler, elle demande, si le Gouvernement n'est pas en état d'allouer les crédits nécessaires pour terminer les travaux entre Agen et Castets, qu'il fasse appel à l'industrie privée, et lui confie l'exploitation du canal.

Si j'avais sous les yeux les procès-verbaux de la Chambre de commerce et du Conseil municipal de Bordeaux, il me serait facile de montrer que ces deux corps ont, avec la même persévérance que le Conseil général, constamment demandé l'achèvement du canal. Il y a cinq à six mois, à l'instigation de la Chambre de commerce de Bordeaux, tous les représentants de la Gironde, réunis à ceux de Lot-et-Garonne, de la Haute-Garonne et de Tarn-et-Garonne, se sont rendus chez M. le Ministre des travaux publics, pour lui demander, au nom de tous ces départements, que le Gouvernement les mît le plus tôt possible en jouissance de cette magnifique voie de communication. C'est parce que M. le Ministre répondit qu'il ne pouvait satisfaire à ce vœu qu'avec le concours de l'industrie privée, que j'ai formé la société pour laquelle j'agis.

Ainsi, MM. Tarbé des Sablons et Poujard'hieu veulent que, pendant dix ou quinze ans, le Conseil municipal et la Chambre de commerce de Bordeaux, les députés et représentants de notre département, aient demandé un canal maritime pour joindre l'Océan à la Méditerranée, et qu'au moment où ils vont l'obtenir, ils disent au Gouvernement et à l'Assemblée :

Nous n'en voulons plus ; nous nous sommes trompés pendant quinze ans sur la nature de nos besoins ; c'est un chemin de fer qu'il nous faut. — C'EST IMPOSSIBLE !

Recevez, Monsieur, l'assurance de ma parfaite considération.

N. FESTUGIÈRE.

NOTE

SUR

LA PROPOSITION DE M. N. FESTUGIÈRE

RELATIVE A

L'ACHÈVEMENT

DU CANAL LATÉRAL A LA GARONNE

Par M. A..........,

INGÉNIEUR DES PONTS-ET-CHAUSSÉES.

La proposition de M. Noël Festugière pour l'achèvement du canal latéral à la Garonne, soumise à une enquête dans la Gironde, doit éveiller toute la sollicitude du commerce bordelais. Une enquête a principalement pour objet de faire connaître au Gouvernement les besoins des localités dans lesquelles elle est ouverte ; et lorsqu'il s'agit d'intérêts aussi graves pour le midi de la France que ceux attachés à l'établissement de moyens de transport économiques dans la vallée de la Garonne, chacun doit apporter le tribut de ses recherches et de ses études. C'est ce que nous allons essayer de faire, en examinant les diverses questions que soulève la proposition de M. Festugière et les appréciations parfois inexactes auxquelles elle a donné lieu.

PREMIÈRE QUESTION.

Quelle est pour le commerce bordelais l'utilité comparative du ca-
nal latéral à la Garonne et d'un chemin de fer entre Bordeaux
et Toulouse ?

Sans entrer dans l'examen des causes de la décadence relative du
commerce bordelais, on peut mettre en première ligne le manque de
voies de transport économiques qui lui permettent de se créer des dé-
bouchés et d'avoir un vaste rayon à approvisionner, comme ses rivaux. Le marché de Bordeaux se resserre chaque jour, arrêté par l'en-
vahissement des ports de la Méditerranée qui viennent nous faire concurrence à nos portes ; dès-lors n'est-il pas évident que la création de
moyens de transport qui permettraient de rendre , sans augmentation
de frais, les marchandises de notre port à une distance bien plus considérable que celle qu'elles parcourent actuellement, augmenterait nos dé-
bouchés dans une proportion rapide, et pourrait nous rendre notre ancienne prospérité ?

Les questions commerciales aujourd'hui se réduisent à des questions de
frais. Il est clair que, si un quintal de poivre est au même prix à Bordeaux et à Cette, et qu'il doive supporter 1 fr. 40 c. de frais de transport seulement entre Toulouse et Cette, tandis qu'il en coûte 2 fr. 50 c.
pour le faire venir de Bordeaux, le négociant de Toulouse ira s'approvisionner dans la première de ces localités et délaissera notre port.
Que faut-il pour changer cet état de choses? Que nous parvenions à
transporter à 1 fr. 10 c. ce qui nous coûte actuellement 2 fr. 50 c.,
immédiatement nous approvisionnerons non seulement la ville de
Toulouse, mais tout le rayon qui vient s'y alimenter. Ce n'est là qu'un
côté de la question. Le Languedoc a d'importants produits qu'il expédie
principalement dans le nord de l'Europe ; si l'on parvient à rendre ces
productions à Bordeaux à un prix assez minime pour que les frais de
ce transport, joints à ceux du cabotage entre Bordeaux et les ports du
Nord, soient inférieurs ou sensiblement égaux au fret entre ces ports et
ceux de la Méditerranée, il est incontestable que nous appellerons sur
notre place un mouvement d'affaires considérable qui lui échappe aujourd'hui ; car on préférera, à prix égal, faire des expéditions à Bor-

deaux, et éviter les pertes de temps et les dangers du détroit de Gilbraltar. Ainsi, il est d'un intérêt capital pour Bordeaux d'être relié le plus tôt possible au canal du Midi par la voie de transport la plus économique. Rechercher quel est le meilleur mode de locomotion qui satisfasse à cette condition, tel est le problème que l'expérience des pays plus favorisés que le Midi de la France sous ce rapport peut seule nous aider à résoudre.

La lutte entre les chemins de fer et les canaux n'est pas nouvelle, et, malgré les assertions contraires et souvent inexactes qui se sont produites dans la presse bordelaise, nous allons essayer de démontrer, en nous appuyant sur des faits incontestables, que la victoire n'est pas toujours restée aux rails-ways.

On a cité le canal du du c de Bridgwatter comme une preuve de l'impuissance des canaux en présence des voies ferrées, et l'on n'a pas craint d'affirmer que l'emplacement de ce canal avait servi à l'établissement d'un rail-way. Rétablissons les faits.

Le canal du duc de Bridgwatter, qui réunit Manchester à Liverpool, fut construit en 1776 parallèlement à l'Irwell et à la Mersey ; immédiatement sa construction produisit dans le prix du transport de la houille un abaissement de 14 fr. 40 c. à 7 fr. 20 c. Dans la période qui s'écoula jusqu'en 1824, le port de Liverpool, qui ne recevait que 2,560 navires par an avant le canal, arriva à en recevoir 10,000 ; mais, comme il n'y avait pas de concurrence possible, à cause des imperfections de la navigation des rivières parallèles au canal, les droits de péage furent élevés, et le transport de la houille monta à 19 fr. ; c'est ce qui décida l'établissement du chemin de fer de Manchester à Liverpool, qui fut livré à la circulation en 1830. La concurrence du rail-way ne tua point la voie navigable ; mais le chemin de fer, qui avait été construit principalement en vue du transport des marchandises, ne dut les trois cinquièmes de ses revenus qu'au transport des voyageurs ; il ne déposséda pas le canal, qui fut obligé seulement d'abaisser le prix du transport de la houille à 6 fr. 50 c. En 1831, le canal était encore dans un tel état de prospérité, que sa valeur primitive, qui n'était que de 220,000 livres sterling, était portée, par le prix des actions, à 2,640,000 livres (1). Il faut reconnaître que l'exemple du canal de Bridgwatter , cité à

(1) Minard , inspecteur général des Ponts-et-Chaussées : *Notions élémentaires d'économie politique* , pages 41, 46 et 120 (1848).

l'appui de leur opinion par les partisans de l'établissement d'un rail-way dans le canal latéral à la Garonne, n'est pas heureusement choisi.

Continuons cet examen. On connaît la dépréciation qui a atteint les actions des compagnies de chemin de fer en Angleterre, dans ces dernières années : des enquêtes furent ouvertes, et les faits examinés avec cette haute intelligence des besoins réels de leur pays qui guide nos voisins en matière industrielle et commerciale. Quel a été le résultat de ces enquêtes? Citons textuellement (1) : « Ainsi, de même que les canaux
» n'ont pu déposséder les routes du transport des voyageurs auxquels
» ils n'offraient pas assez de vitesse, de même les chemins de fer, en
» s'emparant exclusivement des voyageurs, *n'ont pu donner aux mar-*
» *chandises pesantes et grossières le transport économique qui leur con-*
» *vient, tout en leur donnant une vitesse dont elles n'ont que faire.* La
» recette des marchandises n'est sur les rails-ways que les trois quarts
» de celle des voyageurs ; les actions des canaux, qui avaient considé-
» rablement baissé, se sont relevées, et plusieurs compagnies de chemin
» de fer, trouvant dans les canaux des rivaux trop dangereux, ont dû
» les acheter.

» D'un autre côté, un plus long usage des rails-ways a montré dans
» leur entretien des éléments de dépenses dont on n'avait pas apprécié
» l'importance dans le principe, et qui en ont amoindri les avantages ;
» de là, dépréciation notable des actions, bien que le trafic n'ait pas
» diminué.

» Ainsi, jusqu'à ce que l'art ait trouvé, dans le perfectionnement des
» rails-ways et des locomotives, de grandes économies , les chemins
» de fer et les canaux participeront concurremment en Angleterre aux
» transports. »

L'expérience a donc prouvé en Angleterre que les rails-ways étaient loin d'avoir sur les canaux la suprématie qu'on leur attribue si facile-ment, et il faut cependant remarquer que les canaux ont été construits dans la Grande-Bretagne par l'industrie privée, comme toutes les autres voies de communication ; ce qui oblige à élever leurs droits de péage pour trouver l'intérêt et l'amortissement du capital employé à leur établis-sement, indépendamment des frais de transport et des frais d'entretien.

---

(1) *Repert of the commissionners of rail-vays* 1848 , et Rapport au Parlement anglais sur les associations de canaux et de rails-ways. (*Etudes sur les voies de communication,* de M. TEISSERENC, page 578.)

En Belgique, les chemins de fer n'ont pas donné un résultat différent. On trouve dans des tableaux officiels dressés par M. Belpaire, ingénieur des Ponts-et-chaussées belge, que, de 1834 à 1844, il y a eu augmentation dans les recettes de tous les canaux et de toutes les voies naviga_bles parallèles aux chemins de fer, tandis qu'il y a eu perte ou stagnation sur les autres; et cependant en Belgique toutes les voies ferrées appartiennent à l'Etat, qui est intéressé à ne percevoir que des tarifs très-modiques. Ce résultat est du reste facile à expliquer : sur les canaux, en Belgique, les droits de péage pour la houille et les marchandises de dernière classe varient de 0^{f}013 à 0^{f}41, et les frais de transport sont en moyenne de 0^{f}01 , ce qui fait varier les prix de transport ou le fret de 0^{f}023 à 0^{f}051 ; or, le dépouillement des dépenses faites sur les chemins de fer belges, en 1845, a permis de constater que les frais de traction du tonneau de marchandise revenaient par kilomètre sur les rails-ways à 0^{f}0674; savoir :

Entretien du chemin.	0^f,0018
Locomotion.	0 ,0318
Service des transports.	0 ,0101
Frais de perception.	0 ,0030
Intérêt et amortissement du matériel.	0 ,0207
Total pareil.	0^f,0674

Il résulte incontestablement de ces chiffres que , pour les marchandises de peu de valeur qui n'ont nul besoin de la vitesse, le Gouvernement belge ne pourrait lutter contre les canaux qu'en ne retirant aucun intérêt du capital employé à l'établissement des rails-ways , et en perdant même sur les frais de traction; aussi, malgré l'intérêt puissant qu'il a au transport économique de la houille , il n'a pu abaisser son tarif au-delà de 0^f,07 par tonne et par kilomètre, et il maintient à 0^f,10 celui de la dernière classe des autres marchandises. Il faut encore remarquer que les frais de chargement et de déchargement sont bien moins considérables sur un canal que sur un chemin de fer; les documents officiels que nous venons de citer établissent , sur cette nature de dépense en Belgique, une différence de 35 c. à l'avantage des canaux.

En France , sauf de très-rares exemples , tels que celui tiré de la comparaison du canal de Givors et du chemin de Saint-Étienne (1), les proportions entre les frais de transport sur les canaux et sur les rails-ways sont à peu près les mêmes. L'habile ingénieur qui a construit les chemins d'Orléans et de Lyon, M. Julien, a établi que la dépense du transport d'un tonneau de marchandise sur un chemin de fer ne pouvait pas être inférieure à 0^f,06 (2), résultat qui concorde avec la statistique des chemins belges; et il a trouvé, dans le rapport des commissions des rails-ways anglais, que ces frais s'élevaient encore en Angleterre à 0^f,08, malgré une expérience d'un quart de siècle.

En partant de ces bases, il nous sera facile d'évaluer les frais de transport des marchandises sur un chemin de fer entre Bordeaux et Toulouse et sur le canal latéral.

Dans l'hypothèse où le canal, comme la voie ferrée, ne devraient rapporter aucun intérêt ni amortissement du capital employé à leur construction, les frais de transport du tonneau de marchandises par le rail-way seraient de. . . . . 0^f,06

Par le canal, les frais se composeraient : 1° Des dépenses d'entretien et de perception, qui doivent être de 400,000 fr. pour 200 kilomètres et un mouvement de 200,000 tonnes; soit, par tonne. . . 0^f,01

2° Des frais de transport proprement dit ou de locomotion qui, en Belgique, sont de 0^f,01, mais qu'on peut facilement réduire à. 0^f,007 (3)

TOTAL. . . . . . 0^f,017 (4)

Dans cette première hypothèse, il y aurait donc une économie des deux tiers à employer la voie navigable pour les marchandises.

Si, au contraire, le chemin de fer est exécuté par une compagnie

(1) L'exemple du chemin de Saint-Étienne n'a aucune valeur, ce chemin, dans la partie parallèle au canal de Givors étant construit avec une pente continue qui permet aux convois descendant de Rive-de-Giers et de Saint-Étienne de marcher sans le secours des machines : c'est là une circonstance toute locale dont on ne saurait tirer une conclusion applicable à d'autres localités.

(2) *Annales des Ponts-et-chaussées*, 1845, pages 145 à 224.

(3) Il suffit pour cela d'avoir des bateaux jaugeant 200 tonnes et faisant 12 kilomètres par jour, deux conditions facilement réalisables avec le tirant d'eau du canal latéral; en portant les frais de location du bateau à 7 fr. et ceux du halage à 10 fr. par jour, ce qui est bien suffisant, on trouve pour le prix du transport par tonne et par kilomètre $\frac{17}{200+12} = 0,007$.

(4) Un journal de Bordeaux a indiqué le prix du fret sur la plupart des canaux français, qui ne dépasse pas en moyenne 0^{f}035 par tonne et par kilomètre; seulement il a commis une erreur en

qui veuille retirer l'intérêt a 5 p. 100 du capital qu'elle aura con-
sacré a son établissement, il faudra ajouter, au chiffre des frais de
transport . . . . 0^f,06

Une somme de 1 . . . . 0^f,022

$\qquad\qquad\qquad\qquad$ Total . . . . 0^f,082

Au-dessous de ce prix, une compagnie de chemin de fer perdrait;
elle pourrait bien transporter, comme on l'a fait sur d'autres voies ferrées, quelques marchandises de peu de valeur à temps perdu, lorsque,
pour une cause quelconque, ses convois n'ont pas la charge moyenne et
normale, correspondant a 100 voyageurs; mais elle ne pourrait pas appliquer une diminution de prix à la masse des produits destinés à circuler
entre Bordeaux et Toulouse 2 .

Sur le canal, au contraire, dans le cas le plus défavorable sous le
rapport de l'économie du fret, qui est celui où l'on accepterait les propositions de la compagnie qui se présente, les prix seraient ainsi établis :

croyent que l fret sur un canal n'était que le remboursement des frais de traction, et ne comprenait
pas l prix de péage, soit par l'État, soit par les compagnies, pour l'amortissement du capital employé
à sa construction et pour son entretien, et c'est ainsi qu'il arrive à tripler à peu près le prix du
transport sur les canaux.

Voici sur quelques uns des canaux cités la répartition des frais et du péage

DÉSIGNATION DES LIGNES	PRIX DE TRANSPORT		
	Péage	Frau.	Total
De Mer à Paris	0,017	0,025	0,042
De Mer à Angers	0,023	0,017	0,04
De Valenciennes à Lille	0,018	0,013	0,031
De Dunkerque à Lille	0,024	0,011	0,035

1 Les dépenses du chemin de fer de Bordeaux à Toulouse sont évaluées à 110,000,000 ; l'intérêt de ce capital est de 5,500,000 fr. L'expérience des chemins de fer anglais et belges prouve
que les canaux ne les craignent jamais, dans les cas les plus défavorables, pour moins du tiers dans
les recettes. Admettant donc qu'ils procureraient sur la ligne de Toulouse un revenu de 1,650,000 fr.,
cela suppose, en supposant que le mouvement total de 200,000 tonnes de marchandises fût transpor-
té par voie ferrée, un exportant par tonne et pour 255 kilomètres, longueur probable du chemin,
5 fr. 25c. et par tonne et par kilomètre, 0'022. Il faut remarquer que ce calcul est tout à l'avantage du chemin de fer, puisqu'on suppose qu'il enlèverait la totalité des marchandises à la Garonne,
ce qui nuirait gravement au principal intérêt à la société.

2 Les diverses valeurs donnent seulement les prix de transport de certaines marchandises sur certains points et dans les pays qui sont en concurrence avec d'autres navigables, mais ils n'ont pas
entre l'industrie et ... de la dernière classe, qui presque partout est sup-
... au chiffre que ... voies de ... L'exemple d'exclusion de fret actuels pourrait être conclut à la le ... que ce n'est pas à cause de prix qu'ils luttent contre les voies navigables; qu'ils
n'ont pas ... qu'entre deux voies fortes, ... l'Angleterre cherche à s'arrêter aujourd'hui, en
voyant tout ... ... frais ... ... de ... à l'exception ... un le

Péage maximum.	0ʳ,05
Frais de transport, comme ci-dessus.	0 ,007
	0ʳ,007

Péage minimum.	0ʳ,03
Frais de transport, comme ci-dessus.	0 ,007
	0ʳ,037

Dans cette hypothèse encore, le canal pour Bordeaux serait la voie la plus économique, et donnerait, en moyenne, sur le rail-way un avantage de 50 p. 100.

C'est aussi le mode de transport le plus commode pour la plupart des marchandises, qui ne peuvent supporter, sans perte, des chargements et des déchargements successifs, et qu'on aurait intérêt à faire arriver directement, sur la barque qui les a prises dans le Languedoc, jusqu'au navire qui doit les exporter. Avec un chemin de fer de Bordeaux à Toulouse, il faudrait rompre charge à la sortie du canal du Midi, puis supporter les frais de transport et de chargement depuis la gare jusqu'aux quais de Bordeaux, et enfin le transport en gabare à bord du navire mouillé dans notre port. Tous nos négociants savent quelles pertes ces mouvements font subir à la marchandise, et combien il est important pour eux de les éviter.

Il est donc incontestable que le commerce de Bordeaux a un puissant intérêt à l'achèvement du canal latéral, et que ce nouvel agent de transport peut lui rendre des services qu'il ne saurait attendre d'un chemin de fer. Nous n'entendons point dire par là qu'il faut renoncer à relier Bordeaux et Toulouse par un rail-way ; nous croyons, au contraire, ce mode de transport très-apte à augmenter le nombre des transactions commerciales que le canal aura rendu possible, et, puisque des canaux et des chemins de fer parallèles, concédés à l'industrie privée, ont pu vivre et prospérer sur certains points, en se prêtant un mutuel appui, en Angleterre et en Belgique, nous ne doutons pas que ce résultat soit réalisable dans la riche et populeuse vallée de la Garonne. — Au chemin de fer, le transport des voyageurs, des articles de messageries et des marchandises de prix, qui, pour obtenir la vitesse, peuvent supporter un prix élevé ; au canal, les marchandises d'encombrement que nous expédierions en abondance dans l'Agenais et dans le Languedoc, et les produits du sol que ces contrées enverraient à Bordeaux : tel doit être le but que le commerce bordelais cherchera à réaliser, s'il veut donner à notre cité le degré de prospérité des métropoles commerciales de la Grande-Bretagne.

DEUXIÈME QUESTION.

Faut-il livrer la partie du canal latéral achevée à une compagnie, pour y placer le chemin de fer de Bordeaux à Toulouse? La proposition faite par M. Tarbé des Sablons pour la construction de ce chemin offre-t-elle quelques probabilités d'exécution?

Nous croyons avoir démontré que le canal latéral était indispensable à Bordeaux ; c'est assez dire qu'on doit repousser, suivant nous, toute proposition qui tendrait à détruire cette belle voie de communication, l'un des glorieux monuments du génie moderne. Il faudrait de puissants motifs pour commettre un pareil acte de vandalisme, et avoir au moins la certitude qu'il en résulterait des avantages sérieux et immédiats pour le Midi de la France. Or, sur quoi se base-t-on pour préconiser l'abandon du canal? sur une lettre de l'honorable liquidateur de la compagnie du chemin de fer de Cette, qui a cru devoir soumettre au public les bases d'une demande *qu'il pourrait adresser au Gouvernement*. Ces propositions sont d'ailleurs tellement exorbitantes, qu'elles n'ont aucune chance d'être accueillies, ni par le Pouvoir exécutif, ni par l'Assemblée. Il ne s'agit donc pas d'une réunion de capitalistes, prêts à exécuter des travaux ; mais simplement d'un projet conçu par un homme habile en affaires industrielles sans aucun doute, mais qui peut très-bien ne chercher, dans les circonstances actuelles, qu'à sauvegarder les intérêts des anciens actionnaires du chemin de Cette. Si on voulait sérieusement exécuter un travail que l'adoption de la proposition de M. Festugière rend impossible, ne se serait-on pas empressé de remettre une demande à M. le Ministre des travaux publics, lorsqu'on a su que le projet d'achèvement du canal par une compagnie était soumis aux enquêtes? Comment des hommes habitués à traiter de semblables affaires n'auraient-ils pas compris que les populations doivent avoir plus de confiance dans un engagement contracté avec le Gouvernement que dans un projet sans caractère authentique?

Les difficultés que rencontrerait la proposition de M. Tarbé des Sablons ont été longuement examinées dans les lettres que M. Festugière a publiées dans le *Courrier de la Gironde;* nous nous bornerons à les résumer succinctement. Le Gouvernement pourrait-il abandonner et laisser détruire des travaux qui lui ont coûté 56 millions, et cela pour permettre à une compagnie de réaliser environ 10 ou 15 millions d'économie dans la construction d'un chemin de fer qui doit coûter 110 millions (1)? Pour un semblable résultat, adoptera-t-on un tracé de chemin de fer vicieux qui délaisse les centres de population entre Langon et Agen, en passant sur une rive de la Garonne opposée à celle qui a toujours compté sur l'établissement du rail-way, en remplacement de la route ordinaire qu'elle possède? Fera-t-on un chemin qui créerait un foyer pestilentiel dans toutes les contrées qu'il traverserait, et qui serait exposé à être envahi par les eaux dans les crues de la Garonne? Poser ces questions, c'est les résoudre contre l'auteur du projet; aussi ceux qui l'appuient n'ont-ils rien trouvé à répondre aux lettres de M. Festugière et aux extraits si concluants du rapport de M. l'ingénieur en chef Job. On s'est borné à prétendre que cet honorable ingénieur, dont on n'osait pas décliner la compétence, n'était pas un juge impartial, parce qu'il avait dirigé la construction du canal. On a sans doute oublié que M. Job, lorsqu'il étudia la possibilité de placer une voie de fer dans le lit du canal, était l'ingénieur de la compagnie du chemin de Cette, et que, s'il avait pu céder, comme on paraît le croire, à des considérations d'intérêt privé, il eût appuyé l'établissement du rail-way dans le canal, s'il eût reconnu qu'il fût avantageux pour la compagnie à l'existence de laquelle il était grandement intéressé? On nous permettra d'ailleurs, lorsqu'il s'agit de l'appréciation d'une question d'art telle que le tracé d'un chemin de fer, de donner plus d'autorité à la parole d'un des ingénieurs les plus distingués du corps des Ponts-et-chaussées, qu'aux assertions d'hommes fort honorables et très-intelligents, mais qui ne sauraient avoir la prétention de juger des difficultés techniques que peut offrir la transformation d'un canal en chemin de fer.

(1) M. Tarbé des Sablons prétend que le chemin de fer placé dans le lit du canal ne reviendrait qu'à 70 millions. Nous croyons que c'est une erreur, car le Gouvernement exigerait certainement, de la part des constructeurs de ce chemin, des travaux qui, d'après les calculs de M. l'ingénieur en chef Job, ne laisseraient pas plus de 10 ou 15 millions de différence entre les dépenses des deux tracés.

On a cherché à répondre à l'objection tirée de l'éloignement des centres de population, en groupant les localités qui ne sont pas trop éloignées du tracé que suivrait le chemin de fer placé dans le canal ; c'est une hérésie en fait de tracé de chemin de fer, car l'expérience a prononcé sur l'importance des parcours partiels qui ne sont dans de bonnes conditions qu'autant que les rails-ways traversent les centres de populations.

On a trouvé que, sur les chemins de fer anglais, allemands, belges et français, et sur les lignes de transport des voyageurs par eau, le nombre des transports partiels des voyageurs était dans la proportion de quatre-vingt-un pour cent. « Le parcours partiel, quelque négligés qu'aient été » ses intérêts dans les tracés de chemin de fer, est venu, d'une manière » inattendue, apporter des résultats supérieurs dans plusieurs chemins » et notables dans tous ; que serait-ce donc si l'on se fût proposé de fa-» voriser ses intérêts ? Le principe de la prédominance du parcours par-» tiel dans un pays peuplé, sera fécond en application et déterminera le » choix des tracés (1). » En présence de semblables indications fournies par une expérience acquise sur tous les chemins de l'Europe, peut-on supposer qu'on irait aujourd'hui adopter, pour une économie problématique, un tracé détestable, et qui priverait le chemin d'une partie importante des transports qu'il pourrait faire ? Il est facile de comprendre que les habitants de Tonneins, Marmande, Aiguillon, etc., qui seraient obligés de faire 4, 5 et 10 kilomètres pour arriver au chemin de fer, ne se serviraient pas de cette voie de transport pour aller à de faibles distances, comme ils le feraient si le rail-way passait aux portes de ces diverses villes. Ainsi, non seulement un rail-way placé dans le lit du canal offrirait toujours d'immenses inconvénients sous le rapport du tracé, mais il aurait le désavantage de faire perdre une partie assez notable des recettes de voyageurs sur lesquelles on doit principalement compter en construisant une voie de fer entre Toulouse et Bordeaux. Une semblable proposition n'a donc aucune chance de réussite et ne doit pas nous occuper plus longtemps.

TROISIÈME QUESTION.

L'achèvement du canal doit-il empêcher la construction d'un chemin de fer entre Bordeaux et Toulouse ?

Nous venons de démontrer que les avantages que procurerait à une

(1) M. MINARD, inspecteur-général des ponts-et-chaussées (Note sur les parcours partiels, 1843).

compagnie l'établissement d'un rail-way dans le lit du canal latéral se-raient compensés par les inconvénients d'un mauvais tracé ; dès-lors, ma-tériellement, on peut terminer le canal sans nuire en rien à la construc-tion d'un chemin de fer. Le canal ne serait pas, du reste, un concurrent beaucoup plus redoutable que la rivière pour le rail-way : car, pour le transport des marchandises d'encombrement qui sont les plus nombreu-ses, la compagnie du chemin de fer ne pourrait pas, sans perte, tenir le tarif entre Bordeaux et Toulouse, à moins de $20^c,24$ (1), tandis que la voiture sur la rivière n'est actuellement que de $13^c,44$; le chemin de fer transportera, dans tous les cas, les voyageurs et les marchandises précieu-ses, mais il ne prendra qu'une faible partie des marchandises d'encom-brement, qui continueront à suivre la voie navigable (2). Sans aucun doute, si le chemin de fer existait, il ferait comme les autres rails-ways paral-lèles aux rivières qui, pour détruire la batellerie, se contentent du tarif de $0^f,06$ qui représente les frais de traction, et renoncent à tout intérêt du ca-pital ; mais il est évident que l'espoir de transporter des marchandises qui ne donneraient aucun bénéfice ne sera d'aucune influence sur les ca-pitalistes qui voudront construire le chemin de fer de Toulouse, et qu'ils ne compteront, pour arriver à une évaluation des recettes et des bénéfi-ces, que sur le transport des voyageurs, des articles de messageries et des marchandises précieuses. Il n'entre pas dans le cadre de cette note de rechercher les revenus probables que procureront ces divers articles de transport ; on n'a qu'à recourir aux pièces de l'enquête et à la discus-sion des Chambres, lors de la présentation du projet de loi du chemin de Bordeaux à Cette, pour s'assurer qu'un rail-way entre Bordeaux et Tou-louse, établi même sans le concours de l'Etat, doit donner un revenu suf-fisant pour couvrir les intérêts et l'amortissement du capital qui y serait employé.

Non seulement l'achèvement du canal ne s'oppose pas à la construction d'un chemin de fer entre Bordeaux et Toulouse, mais, par les relations qu'il établira entre le commerce de Bordeaux et les populations du Lan-

(1) Le prix des transports, pour que le chemin de fer de Bordeaux trouve l'intérêt de son capi-tal, est au minimum de 0,082, ainsi qu'on l'a établi à la page 45, ce qui, pour 255 kilomètres entre Bordeaux et Toulouse, donne une dépense de $20^f,24$.

(2) L'expérience vient du reste à l'appui de cette opinion, car il résulte des relevés officiels de l'administration des contributions indirectes, que le chiffre du tonnage des marchandises transpor-tées sur la Seine s'élève au double de celui des marchandises portées par le chemin de fer de Rouen, malgré l'abaissement considérable du prix des transports sur cette voie de fer.

guedoc, il fera sentir plus vivement le besoin de ces voies perfectionnées de transport qui doivent changer la face de l'Europe ; le canal et le chemin de fer se prêteront un mutuel appui, l'un en rendant les transactions commerciales plus nombreuses, par l'abaissement du fret, l'autre en les rendant plus faciles par la rapidité de la correspondance et du transport des personnes.

Il y a, suivant nous, de telles probabilités à l'exécution d'un chemin de fer parallèle à la voie navigable, que nous ne comprendrions pas que la compagnie qui terminerait le canal ne fût pas la première à provoquer l'établissement d'un rail-way, pour éviter une concurrence qui se termine toujours par des pertes considérables sans avantage très-réel pour le pays.

La compagnie du canal, avec un chemin de fer passant à Castets, aurait d'ailleurs le très-grand avantage de ne jamais voir les communications interrompues, comme elles le seront sur la Garonne si le canal ne descend pas au-dessous de cette localité (1) ; et l'on sait aujourd'hui que la certitude des arrivées à jours fixes en toute saison est l'une des premières conditions du transit international. Or, quelle ligne de transport pourrait lutter avec celle qui réunirait l'Océan à la Méditerranée par le trajet le plus court, en traversant une des plus riches contrées de la France, si les deux conditions principales de l'économie du fret et de la certitude des arrivages à jour fixe étaient remplies ?

Dans tous les cas, ce n'est pas aux défenseurs du projet présenté par M. Tarbé des Sablons qu'il appartient de prétendre que l'achèvement du canal empêchera la construction du chemin de fer, puisqu'ils cherchent à nous démontrer chaque jour que le canal ne pourra pas opérer, même le transport des marchandises, à aussi bas prix que le rail-way ; s'ils ont foi dans leurs raisons, comment ce malheureux canal leur paraît-il tellement redoutable pour le chemin de fer, qu'il doive empêcher sa construction ?

Les partisans d'un chemin de fer, tracé dans des conditions possibles d'exécution, devraient favoriser l'achèvement du canal par une compa-

(1) Nous ne croyons pas que le canal doive s'arrêter à Castets. MM. les Ingénieurs du service de la Garonne reconnaissent eux-mêmes qu'ils n'obtiendront jamais par leurs travaux d'endiguement le tirant de 2^m,20 qui doit exister sur le canal. Les inconvénients résultant de l'interruption de la navigation par les crues de la Garonne et de la nécessité de rompre charge pendant les basses eaux, seraient tellement notables pour le transit entre les deux mers, que l'intérêt bien entendu de la compagnie l'obligera à prolonger le canal au moins jusqu'à Rioms.

gnie, car, en exonérant le Gouvernement des charges qu'il aurait eu à supporter pour terminer cet important travail, on lui facilitera les moyens d'encourager l'industrie privée à se charger de la construction du rail-way de Bordeaux à Toulouse, en supposant que le cautionnement du chemin de Cette, qu'on ne saurait détourner de sa destination naturelle sans injustice pour le midi de la France, ne suffise pas pour engager une association sérieuse à construire une des lignes de fer qui offre le plus d'é-léments de succès.

QUATRIÈME QUESTION.

Y a-t-il avantage à ce que le canal soit achevé par l'Etat, et quelles sont les probabilités de cet achèvement; l'intérêt du commerce bordelais et des populations traversées par le canal n'exige-t-il pas son achèvement dans un court délai ?

Il est incontestable que, si le Gouvernement et l'Assemblée nationale voulaient prendre l'engagement de terminer le canal d'ici à cinq ans, on aurait obtenu la voie de communication la plus économique et la plus utile pour le commerce de Bordeaux, puisque le Gouvernement, en percevant un droit de péage d'un centime par tonne et par kilomètre, pourrait suffire aux frais d'entretien, et que les transports sur le canal, dans cette hypothèse, seraient réduits à $0^f,017$ par tonne et par kilomètre (1).

Mais, malheureusement pour Bordeaux et pour le midi de la France, nos Assemblées délibérantes, depuis 1844, ne se sont pas montrées favorables au canal latéral à la Garonne; depuis cette époque, les immenses travaux entrepris au-dessous d'Agen sont dans un état d'abandon déplorable; sur tout le parcours du canal, des eaux croupissantes exhalent des miasmes pestilentiels, et donnent lieu à des maladies qui déciment les habitants de cette belle plaine de la Garonne. Aux plaintes que cet état de choses a suscitées, le Gouvernement n'a répondu qu'en cherchant à démontrer son impuissance. Dans l'état actuel de nos finances, à l'époque où nous vivons, au milieu des agitations politiques qui nous attendent, peut-on espérer une amélioration dans notre situation financière, qui permette au Gouvernement de porter sur une seule voie navigable des res-

(1) Voir page 44.

sources considérables ? En supposant même qu'il y eût peu de bon vouloir, de la part du Gouvernement, à achever le canal latéral, les populations du midi auraient-elles sérieusement le droit de se plaindre, lorsque, chaque jour, les organes de la publicité locale attaquent l'utilité de cette belle voie de transport ? Que ne suivons-nous l'exemple des habitants du nord de la France, qui possèdent des rails-ways et des canaux parallèles, et qui, loin de demander la destruction des voies navigables, unissent tous leurs efforts pour obtenir du Gouvernement le rachat des actions de jouissance, afin d'arriver à un abaissement de tarif par l'exploitation de compagnies fermières ? A ce sujet, nous croyons qu'on apprécie d'une manière inexacte les projets du Gouvernement ; nous ne croyons pas qu'il veuille prendre à sa charge les frais d'entretien et les réparations qui sont nécessaires dans les canaux à racheter ; il a l'intention de régulariser les tarifs et de se réserver la faculté de les réviser à des intervalles rapprochés, en affermant l'exploitation des canaux à des compagnies à peu près semblables à celle représentée par M. Festugière, qui, moyennant une somme de 12 millions à employer sur le canal latéral, l'exploiterait pendant vingt-quatre ans et six mois.

Si le Gouvernement et l'Assemblée ne veulent pas ou ne peuvent pas terminer le canal, doit-on laisser improductif un capital de 56 millions employé à sa construction ? Doit-on laisser subsister les causes d'insalubrité qui déciment les populations de la Gironde et du Lot-et-Garonne ? Doit-on laisser enlever à Bordeaux le marché d'Agen, qui, par la partie terminée du canal latéral, est en communication directe et facile avec le canal du Midi, et les ports de la Méditerranée ; et si l'on trouve une compagnie qui offre de terminer cette œuvre importante en retirant, par des droits de péage, l'intérêt et l'amortissement du capital qu'elle y emploiera, ce bienfait immédiat doit-il être repoussé par les populations intéressées, dans l'espoir chimérique de l'achèvement par l'État ?

On objectera peut-être que le Gouvernement, en aliénant, pendant 27 ans, les produits du canal, ne retirera aucun intérêt du capital employé à sa construction. Ce serait une erreur économique facile à réfuter, car on sait aujourd'hui que les voies de communication créées par les compagnies dans les circonstances les plus défavorables, rapportent des sommes considérables à l'État par l'augmentation des revenus indirects (1) ;

(1) Qui ne sait à Bordeaux que le chemin de fer de la Teste, qui ne couvre pas ses frais, a augmenté les revenus du Trésor de plus de cent mille francs dans les cantons qu'il traverse ?

il est facile de se rendre compte de l'importance des transactions auxquelles donnerait lieu un mouvement de marchandises qu'on espère voir
s'élever à 400,000 tonnes, tandis qu'il n'était, avant l'ouverture du canal
entre Toulouse et Agen, que de 139,000 tonnes ; enfin, les conditions
de salubrité rendues à la vallée de la Garonne, les excédants de l'ali-
mentation du canal livrés à l'industrie et à l'agriculture, n'y a-t-il pas
là des sources de revenus indirects considérables pour l'Etat ?

Que le commerce de Bordeaux y réfléchisse bien, Agen peut aujourd'hui
faire arriver ses marchandises, à prix égal, de Cette et de Bordeaux,
et, du côté de Cette, il trouve dans la voie navigable perfectionnée des
avantages et une certitude dans les arrivages que la Garonne ne peut
pas offrir. Un pareil état de choses peut-il exister longtemps sans porter
l'atteinte la plus grave à nos intérêts les plus chers? faut-il laisser établir
des relations qui nous sont préjudiciables, et que, plus tard, nous aurons
tant de peine à détruire? Notre prospérité commerciale nous permet-
elle de supporter des pertes aussi sensibles, dans l'espoir d'une amélioration plus radicale, à la réalisation de laquelle il est difficile d'assigner un
terme avec la crise politique et financière qui pèse sur le pays?

Si nous comprenions nos véritables intérêts comme les habitants du
nord de la France, nous devrions nous unir dans un vœu unanime pour obtenir l'achèvement du canal latéral dans le plus bref délai possible, et, si
nos efforts étaient impuissants pour décider le concours du Gouvernement
à l'accomplissement de cette œuvre, lui demander au moins d'accepter
les offres d'une compagnie sérieuse dont les demandes ne fussent pas onéreuses pour le Trésor et pour les populations intéressées. Il nous reste à
examiner si la proposition de M. Festugière réunit ces deux conditions.

CINQUIÈME QUESTION.

Examen des conditions posées dans la proposition de M. Festugière.

M. Festugière demande à percevoir, pendant vingt-quatre ans et six
mois, à dater de l'achèvement du canal, des droits de péage montant à
0^{r}04 et 0^{r}03 par tonne et par kilomètre, pour deux classes de marchandises, à la descente ; et 0^{r}05 et 0^{r}04 à la remonte. Pour mener son œuvre
à bonne fin, la compagnie qu'il représente doit employer un capital de

12 millions, qui ne sera entièrement productif qu'à dater de l'achèvement du canal. Jusqu'à cette époque, les recettes faites dans la partie terminée entre Agen et Toulouse suffiront à peine à payer les frais d'entretien et l'intérêt du capital employé successivement dans les travaux que la compagnie doit construire. Il faut donc trouver, dans les recettes probables du canal, la somme nécessaire pour pourvoir, d'une part, aux frais d'entretien et d'administration, et, de l'autre, à l'amortissement dans vingt-quatre ans et demi, et au paiement des intérêts d'un capital de 12 millions.

Les frais d'entretien et d'administration ont été évalués à 400,000^f, ou à 2^f par mètre courant du canal, sa longueur totale étant de 200 kilomètres environ. Nous ne contestons pas cette évaluation, qui est admise par les adversaires de la proposition Festugière; nous ferons seulement remarquer que, dans les premières années de la construction d'un canal établi en remblais sur une partie importante de son parcours, on est exposé à des filtrations qui exigent des chômages partiels et des frais considérables pour la compagnie, frais que l'administration n'aura pas à supporter lorsque le canal lui reviendra, après plusieurs années d'exploitation (1). Comme nous ne compterons rien, pour les recettes éventuelles, en dehors des droits de péage, nous admettons cependant, pour l'entretien annuel, dans nos calculs, le chiffre de . . . . 400,000^f »

L'amortissement et l'intérêt du capital exigent une somme annuelle de. . . . . 963,015 » (2)·

> Total. . . . .F. 1,363,045 »

Pour que la compagnie couvre ses frais , il lui faut donc un revenu de 1,363,015 fr., ce qui exigerait un transport annuel de 170,376 tonnes, dans tout le parcours du canal sur 200 kilomètres, en admettant que le tarif moyen du péage soit de 04 centimes, ainsi que l'ont supposé les adversaires de la proposition ; or , le tonnage entre Agen et Toulouse

(1) Le passage du canal établi dans le lit de la Garonne depuis le Mas jusqu'à la Gruyère, est loin d'offrir des garanties de solidité suffisantes ; il est à peu près certain que la compagnie qui aurait la concession devrait faire, sur ce seul point', des travaux qui augmenteront ses frais annuels d'entretien dans une forte proportion.

(2) La somme destinée à l'amortissement sera donnée par la formule $a = \dfrac{P\,r}{(1+r)^n - 1}$ dans laquelle P = 12,000,000 , r = 0,05, et u = 24^a,50 ; on trouve , en appliquant ces quantités dans la formule $a = 363,015$, et en ajoutant l'intérêt annuel du capital à servir à 5 p. 100 , soit 600,000 fr., on obtient un total de 963,015 fr.

n'est actuellement que de 166,730 tonnes, et, s'il restait stationnaire, la compagnie serait en déficit. Sans aucun doute, si un chemin de fer ne vient pas enlever au canal les marchandises d'un prix élevé, et s'il est possible d'abaisser les tarifs pour obtenir une plus grande quantité de produits à transporter, le nombre de tonnes qui parcourront le canal atteindra un chiffre supérieur à 170,000 ; mais peut-on trouver exagérées les prétentions d'une compagnie qui se forme dans les circonstances actuelles, lorsqu'il y a de fortes probabilités pour qu'elle ne retrouve, dans son opération, que l'intérêt et l'amortissement de son capital ? Nous avons la conviction que l'on arrivera un jour à augmenter considérablement la quantité des marchandises qui navigueront sur le canal, et qu'on atteindra le chiffre de 400,000 tonnes, indiqué par l'un des plus habiles adversaires de la proposition Festugière ; mais ce résultat n'est possible que par un abaissement de tarif. En effet, les transports entre Bordeaux et Toulouse s'opèrent actuellement au prix moyen de 13 fr. 33 c. ; après l'achèvement du canal, ils monteraient encore, avec le tarif moyen, de 0 fr. 04 c. à 10 fr. 91 c. environ (1). Une semblable différence dans le prix de la voiture ne saurait évidemment suffire pour appeler un mouvement d'affaires considérable sur la ligne de Cette à Bordeaux ; mais c'est un des plus grands avantages des canaux, même concédés à des compagnies, que celles-ci peuvent diminuer énormément leur tarif et faire encore des bénéfices considérables.

Ainsi, pour retrouver un intérêt semblable à celui que lui procureraient les droits perçus sur 170,376 tonnes, la compagnie, si elle devait donner passage dans le canal à 400,000 tonnes, pourrait réduire son tarif à 1c8, au lieu de 4c ; à ce prix, les frais de transport de la tonne entre Bordeaux et Toulouse se réduiraient à 6f 31c, et la compagnie aurait un revenu annuel à 1,440,000 fr. supérieur de 80,000 fr. à celui nécessaire à l'amortissement de son capital et au paiement des intérêts.

Il résulte de ces calculs que la compagnie du canal sera intéressée à

---

(1) L'un des honorables contradicteurs du canal porte ce prix à 14 fr. 47 c. C'est une erreur facile à réfuter : le transport sur 55 kilomètres, entre Bordeaux et Castets, évalué d'après les bases indiquées par M. Poujard'hieu à 0,0172 par tonne et par kilo, revient à 0f 91c

Le péage moyen de 4c, perçu par la compagnie sur 100 kilomètres, donne. 8 00

Les frais de batellerie sur les canaux ne dépassent pas 1c en Belgique ; nous avons démontré qu'ils peuvent se réduire à 0c,7 ; nous les portons cependant à 1c, soit par 200 kilomètres. 2 00

TOTAL. 10f 91c

abaisser ses tarifs, si elle peut, en agissant ainsi, appeler un mouvement considérable sur cette voie de communication. Nous insistons de nouveau sur cette facilité d'une voie navigable perfectionnée qui peut sup porter un abaissement de tarif jusqu'à la limite de 1 c. par tonne et par kilomètre, et trouver les frais nécessaires à son entretien et à son administration ; tandis que sur un rail-way au-dessous de 6 c., non seulement une compagnie ne retrouve aucun intérêt de son capital, mais elle perd même sur les frais matériels de traction et d'entretien.

Dans notre opinion, les tarifs demandés par la compagnie que représente M. Festugière, considérés comme tarifs maximum, n'ont rien d'exagéré ; mais il est certain que la compagnie, pour augmenter ses revenus, en présence de la concurrence de la rivière, sera forcée de les abaisser, et elle pourra entrer dans cette voie jusqu'à une limite inférieure de 1 centime 8 centièmes par tonne et par kilomètre, ce qui réduirait la voiture à 6^f,31 entre Bordeaux et Toulouse, pourvu que le mouvement du canal atteigne annuellement 400,000 tonnes, ainsi qu'il n'est pas déraisonnable de l'espérer. Et si, comme nous le croyons, un chemin de fer doit se construire parallèlement au canal, l'intérêt de la compagnie lui commandera impérieusement d'abaisser ses tarifs pour éloigner le fret du chiffre de 0^f,06 par tonne et par kilomètre, auquel la concurrence deviendrait possible par un rail-way pour le transport des marchandises d'encombrement.

CONCLUSION.

Nous croyons avoir démontré que l'achèvement du canal latéral à la Garonne, dans un bref délai, importe au plus haut degré au commerce bordelais et aux populations de la vallée de la Garonne ; qu'un intérêt d'humanité ne permet pas de l'ajourner plus longtemps ; que la substitution d'un chemin de fer au canal serait une œuvre de vandalisme sans profit pour personne ; que le canal peut subsister parallèlement au chemin de fer de Bordeaux à Toulouse, et que son achèvement, loin d'être un obstacle à l'établissement du rail-way, doit hâter sa construction ; que la proposition de placer une voie de fer dans le canal n'a aucune chance de succès, et qu'elle n'existe même pas avec un caractère d'authenticité suffisant ; enfin, que les propositions de M. Festugière pour l'achèvement du canal ne sont pas exagérées. Si notre conviction est partagée, quel doit être le résultat de l'enquête ouverte à Bordeaux ? Un vœu unanime pour l'achèvement immédiat du canal latéral à la Garonne par l'État, si la situation financière le permet, ou, à défaut de l'État, par la compagnie que représente M. Festugière.

Quel que soit le sort de sa proposition, la compagnie qui demande à terminer le canal aura rendu un service important au midi de la France, en assurant la création, à bref délai, d'une communication rapide et sûre entre l'Océan et la Méditerranée ; car on ne pourra répondre à nos justes réclamations par un ajournement, et les pouvoirs publics seront obligés de choisir l'une des deux solutions que nous venons d'indiquer à cette grande question. Elles sont les seules sérieuses, et nous devons unir nos efforts pour les faire prévaloir.

Que les populations du Midi y réfléchissent bien : il ne s'agit pas pour elles de choisir entre un canal et un chemin de fer, mais de savoir si elles veulent voir compléter l'œuvre immortelle de Riquet. Qu'elles répondent à l'appel que leur fait le Gouvernement, et, dans un bref délai, elles ont la certitude de jouir des bienfaits d'une nouvelle voie de communication indispensable à leur prospérité.

DÉLIBÉRATIONS

DU

CONSEIL GÉNÉRAL DE LA GIRONDE.

Séance du 6 septembre 1841.

*Sont présent*s : MM. Gautier, président; Rideau, Castéja, Fontemoing, David, de Conteneuil, Coutereau, Lalanne, Baleste-Marichon, Billaudel, Drivet, Dupin, Feuilhade-Chauvin, Laroze, Roul, Boué, T. Pirly, Du Périer de Larsan, Bouire-Beauvallon, Brun, Roulle, Laregnère, Courau, D. Johnston, Ducos, Wustenberg, Devès; H. Galos, secrétaire.

Un membre demande la parole, et exprime le regret que le Gouvernement ait réduit considérablement, cette année, les fonds attribués à l'exécution du canal latéral. D'après les premières indications et les ressources qui, d'abord, ont été affectées à ce travail, on pouvait espérer que son achèvement aurait lieu en 1848. Maintenant, par la lenteur que le manque d'argent imposera aux ingénieurs, nous devons nous attendre à voir éloigner de trois ou quatre années la jouissance de cette voie de communication. Ce retard serait déplorable, et le commerce de Bordeaux est intéressé à le conjurer. En conséquence, le membre qui fait ces observations propose d'exprimer le vœu qu'il soit accordé, sur les exercices prochains des allocations plus considérables au canal latéral, afin que son exécution marche le plus rapidement possible.

Cette proposition, mise aux voix, est adoptée.

Ainsi, le Conseil émet le vœu que les dotations annuelles du canal latéral soient plus considérables.

Séance du 31 août 1848.

Sont présents : MM. le duc Decazes, président ; Feuilhade-Chauvin, Roullet,

Roul , Wustenberg, Lalanne, David, Loreilhe , Boué , Pascault , Dupin , Du Périer de Larsan , baron de Conteneuil , Hyacinthe Devès , David Johnston , Rideau , Courau , Castéja , Coutereau , Fontémoing , Brun ; Théodore Ducos , secrétaire.

RAPPORT DE LA COMMISSION.

« Les travaux du canal latéral à la Garonne étaient en pleine activité sur tout son parcours ; la navigation, libre jusqu'à Toulouse, allait être livrée jusqu'à Moissac ; des sommes considérables (9,000,000 fr.) avaient été dépensées entre Agen et Castets, et nous avions l'espoir et même la certitude de voir des navires d'un fort tonnage, de la Méditerranée , arriver à notre port en 1847, lorsque les Chambres ont décidé que le canal latéral à la Garonne s'arrêterait à Agen.

» Cette mesure , calamiteuse pour tout le pays et , en particulier , pour le commerce de Bordeaux , si peu favorisé depuis longues années, ne saurait s'expliquer, si nous ne comprenions tous que, dans les derniers jours d'une session longue et laborieuse , les esprits les plus sérieux ont pu se laisser préoccuper par le désir de la voir terminer , et croire obtenir une économie dans une suppression qui, par le fait, sera une augmentation de dépense, puisque l'achèvement des travaux du canal latéral jusqu'à Castets, ne coûterait que 13,000,000 fr. , et que ceux en rivière s'élèveront à 15,000,000 fr. Mais ce n'est plus sous ce rapport seulement, messieurs, que la question doit être envisagée : l'entrée en rivière depuis Agen la change tout à fait. En effet , le canal , qui était maritime , devient un simple canal ordinaire. Les goelettes et les tartanes de la Méditerranée seront obligées de rompre charge à Toulouse et à Agen ; le commerce ne trouvera plus l'économie d'un transport direct et n'obtiendra plus la diminution promise par la compagnie du canal du Languedoc, sur le transport des marchandises qu'il parcourt ; et enfin , l'Etat , en cas de guerre n'aura plus une communication avec la Méditerranée , sans passer par le détroit de Gibraltar, pour des bâtiments d'un certain tonnage et le transport d'un matériel de guerre, puisque le tirant d'eau de $2^m,20$ au-dessus d'Agen sera réduit au dessous et en rivière à $0^m,80$, $1^m,00$ et $1^m,20$; de plus, les travaux entre Agen et Castets, sur la rive gauche, seront entièrement perdus, et ne pourront pas, comme on l'avait pensé d'abord, servir à la construction du chemin de fer, qui , pour être fructueux et utile , *doit servir la rive droite sur laquelle se trouvent les centres de population.*

» Par ces motifs , et par beaucoup d'autres , déduits avec la plus grande lucidité dans le rapport de M. l'Ingénieur en chef , votre commission vous propose d'émettre le vœu que le Gouvernement soumette de nouveau aux Chambres cette affaire, et demande , *comme le réclament les intérêts de l'Etat et ceux du commerce,* que le canal latéral à la Garonne soit ouvert jusqu'à Castets. »

Le Conseil général émet le vœu que le Gouvernement saisisse de nouveau les Chambres de la demande des fonds nécessaires au prompt achèvement du canal latéral à la Garonne dans la partie comprise entre Agen et Castets. *Il a la conviction profonde que les intérêts généraux du pays, et ceux des départements traversés en particulier, exigent impérieusement que les travaux soient conduits jusqu'à Castets.*

Séance du 6 septembre 1844.

CHEMIN DE FER DE BORDEAUX A MARSEILLE.

« Votre commission se joint avec empressement à la proposition de notre honorable collègue, pour vous proposer d'émettre le vœu que le Gouvernement veuille bien demander aux Chambres les crédits nécessaires pour la prompte exécution des chemins de fer de Bordeaux à Cette et de Bordeaux à Bayonne, décrétés par la loi du 11 juin 1842. L'importance de ces deux lignes, sous le double rapport de l'utilité commerciale et des besoins stratégiques, ne saurait manquer de les faire comprendre parmi les travaux qui se recommandent le plus au point de vue de l'intérêt général.

» VOTRE COMMISSION VOUS PROPOSE TOUTEFOIS D'ÉMETTRE CE VŒU, SANS ENTENDRE AFFAIBLIR CELUI QUE LE CONSEIL GÉNÉRAL A DÉJA ÉMIS POUR LA REPRISE DES TRAVAUX D'ACHÈVEMENT DU CANAL LATÉRAL, QUI PROCURERA, POUR LE MOUVEMENT DES AFFAIRES DE L'OCÉAN A LA MÉDITERRANÉE, DES MOYENS DE TRANSPORT MOINS COUTEUX QUE PAR TOUTE AUTRE VOIE. »

Ces propositions sont adoptées à l'unanimité.

Séance du 8 septembre 1845.

Sont présents : MM. le duc Decazes, président; Gautier, Johnston (David), Brun, Courau, Pascault, Du Périer de Larsan, France, Pirly, Lalanne, Dupin, Billaudel, Rideau, Loreilhe, Baleste-Marichon, Couterau, duc de Glucksberg, David, baron de Conteneuil, Fontémoing, Castéja, Roul, Wustenberg, Galos, Boué, Laroze, Roullet; Ducos (Théodore), secrétaire.

« Votre commission des travaux publics vient appeler votre attention sur une des affaires les plus importantes de notre département. Nous voulons vous parler du canal latéral à la Garonne.

» Ce grand travail, sollicité par vos délibérations pendant plusieurs sessions, par la Chambre de commerce de Bordeaux, et, on peut le dire, par l'opinion générale des départements du Midi et du Sud-Ouest de la France, a été entrepris en vertu de la loi du 3 juillet 1838. Dans la discussion à laquelle cette loi donna lieu, un amendement fut présenté pour arrêter le canal à Agen; mais il fut repoussé. Le Gouvernement et les Chambres ont donc résolu à cette époque, et après mûr examen, que cette voie de communication viendrait aboutir à la Garonne, à Castets.

» Depuis, cette construction, sous la conduite d'ingénieurs habiles, a été poussée avec une grande activité.

» Nous n'exposerons pas le plan du canal, il est parfaitement connu du Conseil général; mais nous devons faire connaître quelles sont celles de ses parties qui sont déjà exécutées.

» De Toulouse à Montech, on compte actuellement en navigation..... 43 kil.

» L'embranchement de Montech à Montauban est aussi en navigation sur 11 kil. environ, mais il ne fait pas partie du canal principal.

» De Montech à Moissac, à partir du 13 mai 1845, il existe également en navigation .... 21 »

» De Laspeyres à Agen, on calcule en navigation, à partir du 1er mai. 19 »

» En navigation, total.. 83 kil.

non compris les 11 kilomètres de l'embranchement de Montauban.

» A ces portions déjà exécutées, il faut ajouter les travaux très–avancés entre Moissac et Laspeyres, qui seront mis en navigation en 1847, et qui comprennent 26 kilomètres, et ceux d'Agen à l'embouchure de la prise d'eau dans la Garonne, qui sont de 2 kilomètres.

Les ouvrages les plus difficiles sont terminés ou sur le point de l'être. La prise d'eau de Toulouse est faite ; les ponts–canaux de l'Hers, de Moissac, de la Seoune et d'Agen sont construits. Les passages en rivière à Récate, Boudon, Malouze et Laspeyres sont presque terminés.

» La partie de la ligne située entre Agen et Castets se compose de 82 kilomètres, qui, dans l'état présent, se divisent comme suit :

» D'Agen à la Baïse, en lacune.. 19 kil.

» De la Baïse à Fontet, portion presque achevée......................... 54 »

» De Fontet à Castets, en lacune... 9 »

» Total.. 82 kil.

» Telle est, Messieurs, la situation de cette importante entreprise.

» Une loi de crédit supplémentaire est intervenue le 5 août 1844, et a mis en question l'achèvement de ce magnifique travail. Son article 4 porte que les travaux ne seront pas continués au–dessous d'Agen.

Ainsi, une loi de finance, destinée par sa nature à fournir les voies et moyens, est venue paralyser dans ses effets une loi de principe qui avait été, de la part du Gouvernement et des Chambres, le résultat de l'examen le plus approfondi.

» Le Gouvernement a voulu faire rapporter cette décision. Un projet de loi spécial a donc été présenté dans la dernière session. Il a été l'objet, à la Chambre des députés, d'un rapport qui conclut à la continuation du canal latéral jusqu'à Castets. Probablement, cette loi sera discutée à l'ouverture de la session prochaine.

» Les intérêts de notre département sont–ils d'accord avec les intérêts généraux pour demander le vote de cette loi ?

» Des faits se sont–ils produits, depuis 1838, qui soient de nature à modifier l'opinion exprimée par vous, alors, sur l'utilité d'un canal maritime partant de Castets et aboutissant à Toulouse ?

» Permettez–moi de vous soumettre quelques considérations qui me paraissent résoudre ces deux questions.

» Le canal latéral a été conçu dans la pensée de mettre l'Océan et la Méditerranée en communication directe. On a voulu réaliser l'idée de l'illustre créateur du canal du Languedoc. On a voulu affranchir notre commerce du temps considérable et des frais onéreux qu'il est obligé de subir pour effectuer ses échanges entre les deux mers. Le canal du Languedoc, quoique entrepris dans cette même intention, n'a pas atteint son but. Interrompu à Toulouse, il nécessitait dans cette ville des transbordements, des frais de commission, de transit, de magasinage, et exposait à des lenteurs très-grandes, et souvent à des déperditions très-fâcheuses, les marchandises qui se dirigent d'une mer dans l'autre par la voie intérieure. La Garonne, à partir de Toulouse, a un régime très-irrégulier; pendant une partie de l'année, sa navigation est entravée. Des bancs de sable qui se déplacent, des passes excessivement dangereuses par la violence torrentielle du fleuve ou par les bas-fonds dont elles sont couvertes, embarrassent les mouvements de cette rivière et ne permettent pas de les coordonner avec ceux d'un canal. Le canal du Languedoc est donc demeuré canal de localité. Mais, à mesure que l'on travaille au canal latéral qui s'exécute dans les proportions d'un canal maritime, le canal du Languedoc lui-même fait des travaux pour s'élever au même rang. Les propriétaires de cette ligne ont commencé à exécuter des ouvrages pour obtenir le tirant d'eau de 2 mètres 20 centimètres, qui est celui du canal latéral.

» Les dimensions dont nous venons de parler assureront la circulation des bâtiments de cabotage d'une mer dans l'autre. Ce résultat ne peut pas être mis en doute, car on a déjà vu des goelettes et des tartanes génoises arriver devant Toulouse.

» A-t-on entrevu depuis 1838 la possibilité de faire, à partir d'Agen et au moyen de la rivière, la continuation des deux canaux? Peut-on espérer que la Garonne se prêtera, moyennant quelques dépenses, à cette circulation entre l'Océan et la Méditerranée, tant ambitionnée? Certainement des améliorations ont été introduites dans la navigation de la Garonne; vous l'avez déjà reconnu. Mais les ingénieurs eux-mêmes déclarent que la mobilité du fonds sur lequel les eaux s'écoulent ne permet pas de déterminer d'une manière exacte le mouillage qui pourra être obtenu. Il leur est également impossible de prévoir d'une manière précise comment se répartiront dans le lit rectifié les graviers entraînés par les eaux ordinaires et par les impulsions des crues extraordinaires. Ces sont là les mêmes objections d'art qui furent produites en 1838, lorsque quelques personnes soutenaient que le canal latéral pourrait s'arrêter à Agen. Nous devons même dire que ces objections se sont fortifiées d'abord par l'expérience acquise, et puis par les travaux gigantesques déjà exécutés; travaux qui seraient en quelque sorte perdus, si la navigation entre les deux mers devait subir une solution de continuité. C'est cependant ce que l'on propose.

» Dans le cas du maintien de l'article 5 de la loi de 1844, le canal arrêté à Agen obligerait les marchandises à un transbordement dans cette ville. Ainsi le but qu'on s'est proposé ne serait pas atteint; on aurait seulement réussi, après d'énormes dépenses, à déplacer des obstacles à la circulation, et substitué pour les bénéfices d'un transit onéreux une ville à une autre.

» Il est vrai que quelques personnes prétendent qu'au moyen d'un système de rectification plus étendu que celui adopté, et combiné avec l'organisation d'un dragage, on parviendrait à obtenir dans la Garonne, au-dessous d'Agen, un tirant d'eau de 2 mètres 20 centimètres. Cette question d'art ne peut être examinée ici. Seule-

ment, votre commission doit vous faire savoir qu'il résulte d'une discussion approfondie à laquelle s'est livré l'ingénieur en chef M. Job, qu'il n'est pas même certain
qu'on parvienne à obtenir 1 mètre 20 centimètres en employant les deux moyens
indiqués.

» Mais à cette insuffisance du résultat, il est bon d'ajouter le chiffre de la dépense. Votre commission trouve encore dans l'excellent rapport de M. Job un parallèle duquel il ressort que les travaux d'améliorations de la Garonne coûteraient
15,180,000 fr., tandis que l'achèvement du canal latéral n'exigera qu'une somme de
12,400,000 fr. Ainsi le système le plus complet, celui qui assure de la manière la
plus certaine la réalisation du but proposé, coûtera moins que le système opposé,
dont les effets sont au moins hypothétiques.

Enfin quelques personnes ont émis l'opinion qu'on pourrait employer les travaux
déjà faits entre Agen et Castets à l'établissement du chemin de fer de Bordeaux à
Cette. Mais rien n'est moins praticable. Le parcours du canal jusqu'à Agen, à partir de l'extrémité du département de la Gironde, n'a lieu que sur un territoire
voisin des Landes. Il n'offre qu'un centre de populations, et encore il ne se compose que de 1,450 individus : c'est le Mas. Sur la rive droite, au contraire, depuis
La Réole, on rencontre plusieurs villes assez importantes. Elles représentent une
population de 21,000 âmes. Mais à cette différence il faut en ajouter une plus importante. Sur la rive droite, le rail-way sert d'artère à laquelle aboutissent par les
voies ordinaires le centre de la France et particulièrement les départements du Lot
et de la Dordogne. Sur la rive opposée, au-delà des limites de notre département,
des conditions aussi favorables ne se rencontrent pas. Si nous remarquons que le
chemin de fer n'a de chance d'être exécuté prochainement que par l'intervention d'une
compagnie, on comprendra que ce serait ajourner indéfiniment cette entreprise,
que de lui assigner pour son tracé la direction du canal. Ainsi les travaux de cette
entreprise, au-dessous d'Agen, ne peuvent pas changer de destination sans mettre
en doute l'exécution du chemin de fer.

» Maintenant nous devons remarquer que les ouvrages faits sur la rive gauche
s'élèvent à 10 millions, environ. Si l'achèvement n'avait pas lieu, cette somme serait
donc perdue : elle aurait de plus l'inconvénient de n'avoir servi qu'à créer dans la
contrée un marais qui serait une cause incessante d'insalubrité.

» Ainsi que nous avons eu l'honneur de vous le dire, le Gouvernement n'a pas
voulu admettre comme définitive la décision prise en 1844. Mais la loi présentée
dans la dernière session, pour obtenir les crédits nécessaires à l'achèvement du
canal, est restée à l'état de rapport. Nous ne devons pas vous laisser ignorer que la
proposition du Gouvernement rencontre des préventions fâcheuses dans les Chambres
et dans le public. Elles proviennent principalement de la préférence qu'on est disposé
à donner aux chemins de fer sur les canaux. Nous croyons que c'est là une erreur
qu'il est nécessaire de combattre. Chacune de ces voies de communication a un but
différent, en même temps qu'un caractère distinct. Les canaux sont, par leur nature, destinés à desservir plus spécialement les pays agricoles, dont les produits
encombrants ont plus besoin du bon marché dans leur transport que de célérité. Les
chemins de fer, au contraire, font le service des personnes et des marchandises de

prix; ils sont donc plus appropriés aux exigences des contrées industrielles. Il ne faut donc pas confondre ces deux sortes de voies de communication; leur spécialité est distincte et mérite d'être observée. Un fait suffira pour faire ressortir la vérité de cette observation.

» La distance de Bordeaux à Toulouse par le chemin de fer est de 260 kilomètres. Si l'on applique le tarif du chemin de fer d'Orléans à Bordeaux, chaque tonne de marchandise coûtera 39 fr. Le même transport par le canal ne coûtera que 3 fr. 90 c., d'après le tarif de 10 c. par distance de 5 kilomètres, qu'on suppose devoir être appliqué. On voit que la différence est grande!

» Nous ne terminerons pas cet examen sans vous rappeler que la traversée de Cette à Bordeaux exige cinquante jours, et ne se fait pas sans risques. Le trajet par les canaux s'accomplira en douze jours.

» Tels sont, Messieurs, les faits qui démontrent que la question du canal latéral à la Garonne est restée ce qu'elle était en 1838, lorsque cette entreprise a été décidée. Les mêmes considérations d'utilité publique qui déterminèrent le Gouvernement et les Chambres à entreprendre ce grand travail existent aujourd'hui et doivent être invoquées pour son achèvement.

» Dans cet exposé, votre commission n'a entendu que reproduire, d'une manière très-sommaire, un rapport très-développé de l'ingénieur en chef M. Job. Elle aurait voulu pouvoir vous le communiquer en entier. Ce rapport, fait avec un soin remarquable, met en évidence ce qu'aurait eu de préjudiciable aux intérêts généraux, comme aux intérêts de notre département, l'abandon de ce magnifique travail. Une pareille résolution, si elle venait à s'accomplir, accuserait, de la part du Gouvernement et des Chambres, un manque de suite et de persévérance que nous ne saurions trop déplorer.

» En conséquence, votre commission des travaux publics vous propose de renouveler le vœu émis l'année dernière, à savoir : que le Gouvernement insiste pour obtenir des Chambres, dans leur prochaine session, l'adoption de la loi qui a pour but d'assurer l'exécution, jusqu'à Castets, du canal latéral à la Garonne. »

Le Conseil général insiste plus vivement que jamais pour l'achèvement, jusqu'à Castets, du canal latéral à la Garonne; il émet le vœu que les Chambres législatives allouent, dans leur prochaine session, les crédits nécessaires à cet achèvement.

Séance du 28 août 1850.

Sont présents : MM. Duffour-Dubergier, président; Laspeyrère, Curé, Gérard, de Sabran-Pontevès, Lacaze, Castéja, Bouchereau, Duvergier, Dumora, notaire; Princeteau, Pascault, Dutrénit, Denjoy, Saint-Aubin, de Luetckens, Marcotte de Quivières, Lapeyre, Hovyn de Tranchère, Merlet (de Blaye), Lalaurie, Tandonnet, Roux, Dumora aîné, Carrié, Grangeneuve, de Richemont, Bayle, de Saint-Affrique, Bellot-Desminières, Magne, Boutin, de Bryas, Dumas, France, Romain Merlet, de Vieilcastel, Aymen, de Lagrange, Coutereau, Legrix de Lassalle, Lalanne, Courau, et Ferbos, secrétaire.

5

« Messieurs ,

» Dans votre dernière session , j'eus l'honneur de vous présenter un rapport détaillé sur la situation des travaux du canal latéral à la Garonne; et , après avoir pris à ce sujet l'avis de la Chambre de commerce de Bordeaux , je vous indiquai , au nom de votre commission de l'agriculture et des travaux publics , les moyens qui lui paraissaient les plus propres à activer l'achèvement de cette importante voie de communication.

» Nos conclusions , adoptees à l'unanimité par les membres du Conseil , étaient ainsi conçues :

« Le Conseil général de la Gironde , convaincu de la nécessité urgente , au point de vue des intérêts du commerce , de la fortune publique et de l'humanité , de terminer au plus tôt les travaux du canal latéral à la Garonne , exprime le vœu :

» Que le Gouvernement alloue , sur l'exercice 1850 , les crédits nécessaires pour l'achèvement desdits travaux ; et , dans le cas où l'état des finances ne le permettrait pas , que le Gouvernement fasse sans délai un emprunt spécial , garanti par l'État , et remboursable sur les produits du canal , dont les fonds seront appliqués en entier à compléter cette voie navigable , jusqu'à sa mise en rivière devant Castets. »

» Depuis lors , Messieurs , les circonstances ont placé la question dans une situation nouvelle ; non seulement les nécessités du budget ont forcé le Gouvernement à ne présenter , pour les exercices 1850 et 1851 , que des crédits complètement insuffisants , mais encore il a complètement repoussé le système de l'emprunt spécial. L'achèvement du canal se trouverait donc ainsi définitivement ajourné , si vous ne trouviez dans votre patriotisme et dans votre amour du bien public le moyen de porter remède à un état de choses aussi fâcheux.

» Je n'ai ni le besoin ni la nécessité de vous rappeler aujourd'hui les motifs qui doivent appeler toute la sollicitude du ministre des travaux publics sur l'achèvement le plus prompt possible de cette grande et importante voie navigable. Vous la connaissez , et vous en avez apprécié l'incontestable gravité au point de vue du commerce et de l'humanité.

» Au point de vue commercial , le ralentissement des travaux du canal , du côté du département de la Gironde , change complètement les conditions économiques du marché du bassin de la Garonne. Marseille vient jusqu'à Agen vendre ses denrées coloniales , et enlève à Bordeaux la clientèle de ces riches contrées ; au point de vue de l'humanité , les communes les plus riches de notre département , Hure , Fontet , Blagnac , Loupiac , Floudès , continuent à être décimées par les fièvres intermittentes dont les eaux stagnantes entretiennent au milieu d'elles le principe mortel. Et , cependant , les crédits alloués sont si peu élevés , que , pendant de longues années , pendant huit ans au moins , le canal ne pourra être livré en entier à la circulation. Huit ans , Messieurs , c'est trop pour un commerce qui souffre et qui dépérit ; huit ans , c'est trop pour des populations ravagées par la maladie. Un seul moyen nous reste pour obvier à de telles lenteurs : puisque le Gouvernement ne peut pas lui-même accorder les allocations nécessaires, puisqu'il est indispensable que le canal soit terminé le plus tôt possible, il faut que le ministère fasse sans retard un appel à l'intervention de l'industrie privée.

» Telle est, du reste, croyons-nous le savoir, l'intention du Gouvernement. Sans doute, en traitant avec les compagnies concessionnaires, il aura à protéger, à sauvegarder les intérêts de la circulation générale et du commerce ; mais nous avons la certitude qu'il ne faillira pas à son mandat, et c'est dans ce sentiment que nous vous proposons d'émettre le vœu suivant :

« Le Conseil général de la Gironde, convaincu de la nécessité urgente, au point de vue des intérêts du commerce, de la fortune publique et de l'humanité, de terminer au plus tôt possible les travaux du canal latéral à la Garonne, exprime le vœu :

» Que le Gouvernement alloue, sur l'exercice de 1852, les crédits nécessaires pour le complet achèvement desdits travaux ; et, dans le cas où l'état des finances ne le permettrait pas, que le Gouvernement, tout en sauvegardant les intérêts généraux de la circulation commerciale, traite avec l'industrie privée pour l'achèvement et l'exploitation dudit canal. »

Ces conclusions sont adoptées.

DÉLIBÉRATIONS

DU

CONSEIL GÉNÉRAL DE LA HAUTE-GARONNE.

Séance du 4 septembre 1844.

Présents : MM. de Rémusat, président ; Amilhau, Bart, Bellecourt, Cazaux, Caze, Cazeing-Lafont, général Compans, Dabaux, général Dupau, Fourtanier, Gasc, Lapène, de Laplagnolle, de Lartigue, Latour, Laurens, Malbois, de Malaret, Manent, Niel, de Papus, Perpessac, de Randal, Roquefort et Viguerie.

« En s'occupant des nouvelles créations, le Conseil général ne perd pas de vue celles qui sont commencées. Une disposition législative récente a suspendu les travaux d'une partie du canal latéral à la Garonne, et menacé de l'interrompre à la hauteur d'Agen. Le Conseil général pense que cette mutilation d'un grand ouvrage serait funeste. Lorsque ce canal a été entrepris, il a eu pour but d'ouvrir une communication non interrompue entre Bordeaux et les contrées traversées par le canal du Midi. S'il n'était pas continué jusqu'à Castets, c'est à Agen et non plus à Toulouse qu'il faudrait rompre charge, et les inconvénients qu'on a voulu faire disparaître ne seraient que déplacés. Le Conseil ne développera par les nombreuses raisons qui appuient l'achèvement complet du canal latéral. Il ne doute pas qu'elles ne soient présentes à la pensée du Gouvernement; et il ne peut douter que le vœu formel qu'il exprime à cet égard ne réponde à l'intention bien arrêtée de l'administration supérieure. »

Séance du 3 septembre 1845.

Présents : MM. de Rémusat, président; Amilhau, Bart, Bellecourt, Cazeing, Lafont, Dabaud, Dalmas, Fourtanier, Fraisse, Gasc, Lapène, de Laplagnolle, de Lartigue, Latour, Laurens, Malbois, Manent, Niel, de Papus, Perpessac, de Randal, Cazeau, Caze, Roquefort, Viguerie, et Martin, secrétaire.

« Le Conseil adresse ses félicitations et ses remercîments à M. le Ministre des travaux publics pour avoir proposé l'achèvement du canal latéral. La crainte qu'il ne fût arrêté à Agen avait excité, dans toutes les contrées qu'il intéresse, une douleur dont le Conseil s'est rendu l'organe à sa dernière session. Il espère que la Chambre des députés ne persévérera point dans une pensée qui serait véritablement désastreuse. Il est impossible de vouloir que tant de travaux soient détruits, et que, pour éviter une dépense qui, si l'on tient compte de celle qu'il faudra faire pour remettre les choses en l'état, ne dépassera pas 10 millions, on rende stériles toutes celles qui ont été déjà faites. Ce serait renoncer à réaliser le projet conçu par le grand génie de Riquet. La jonction navigable permettra aux mêmes barques qui seront parties de la Méditerranée d'arriver à l'Océan. L'inconvénient est semblable, que la charge soit rompue à Toulouse ou à Agen. Seulement le mal serait plus déplorable lorsque l'espace qui demeurerait à franchir est d'aussi peu d'étendue, et qu'il suffit d'un dernier sacrifice pour y mettre un terme. L'objection prise du prochain établissement d'un chemin de fer aurait une grande valeur, s'il fallait décider qu'une voie de navigation sera ajoutée à celles qui parcourent ce pays; mais l'argument est sans force, quand il s'agit de faire arriver un canal presque entièrement terminé, à la partie de la Garonne où la navigation peut se faire sans qu'il y ait lieu au transbordement. La voie de fer, la voie d'eau, créées pour le transport des marchandises qui utiliseront l'une ou l'autre, selon leur nature, serviront les besoins divers du pays, sans nuire en quelque sorte à leur destination réciproque. Déjà la circulation sur la section du canal latéral qui est livrée au public donne une idée des avantages qu'il présentera au pays quand il sera construit tout entier. »

Le Conseil exprime, avec la plus vive énergie, le vœu que cette grande et utile entreprise soit conduite à son complet achèvement.

www.ingramcontent.com/pod-product-compliance
Lightning Source LLC
Chambersburg PA
CBHW071253200326
41521CB00009B/1747